全国もなかぼん

オガワカオリ

もくじ

③自然

植物・山

④工業系

乗りもの・部品

⑤建築物

城・その他の建築物

本書の使い方

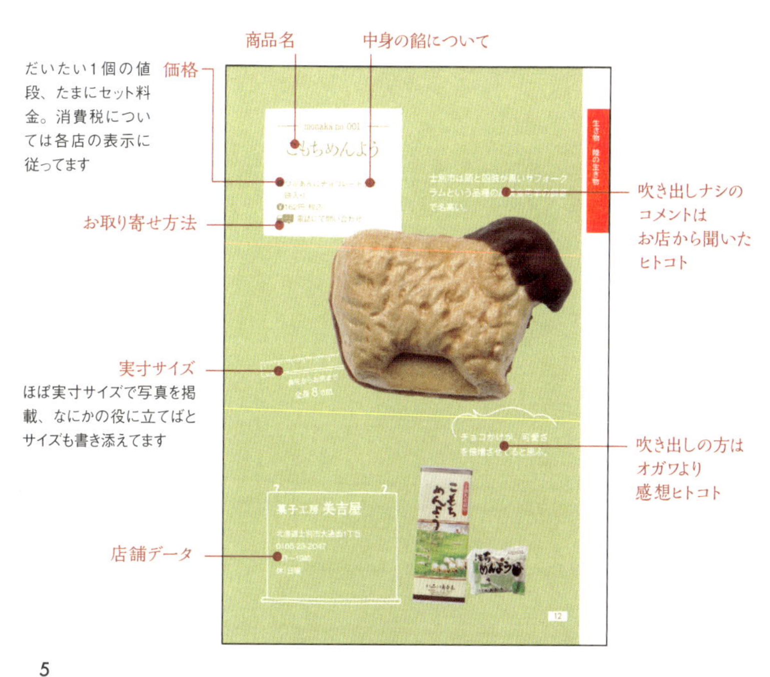
商品名
中身の餡について
価格
だいたい1個の値段、たまにセット料金。消費税については各店の表示に従ってます
お取り寄せ方法
実寸サイズ
ほぼ実寸サイズで写真を掲載、なにかの役に立てばとサイズも書き添えてます
店舗データ
吹き出しナシのコメントはお店から聞いたヒトコト
吹き出しの方はオガワより感想ヒトコト
monaka no.001
こもちめんよう
菓子工房 美吉屋
こもちめんよう

全国もなか地図

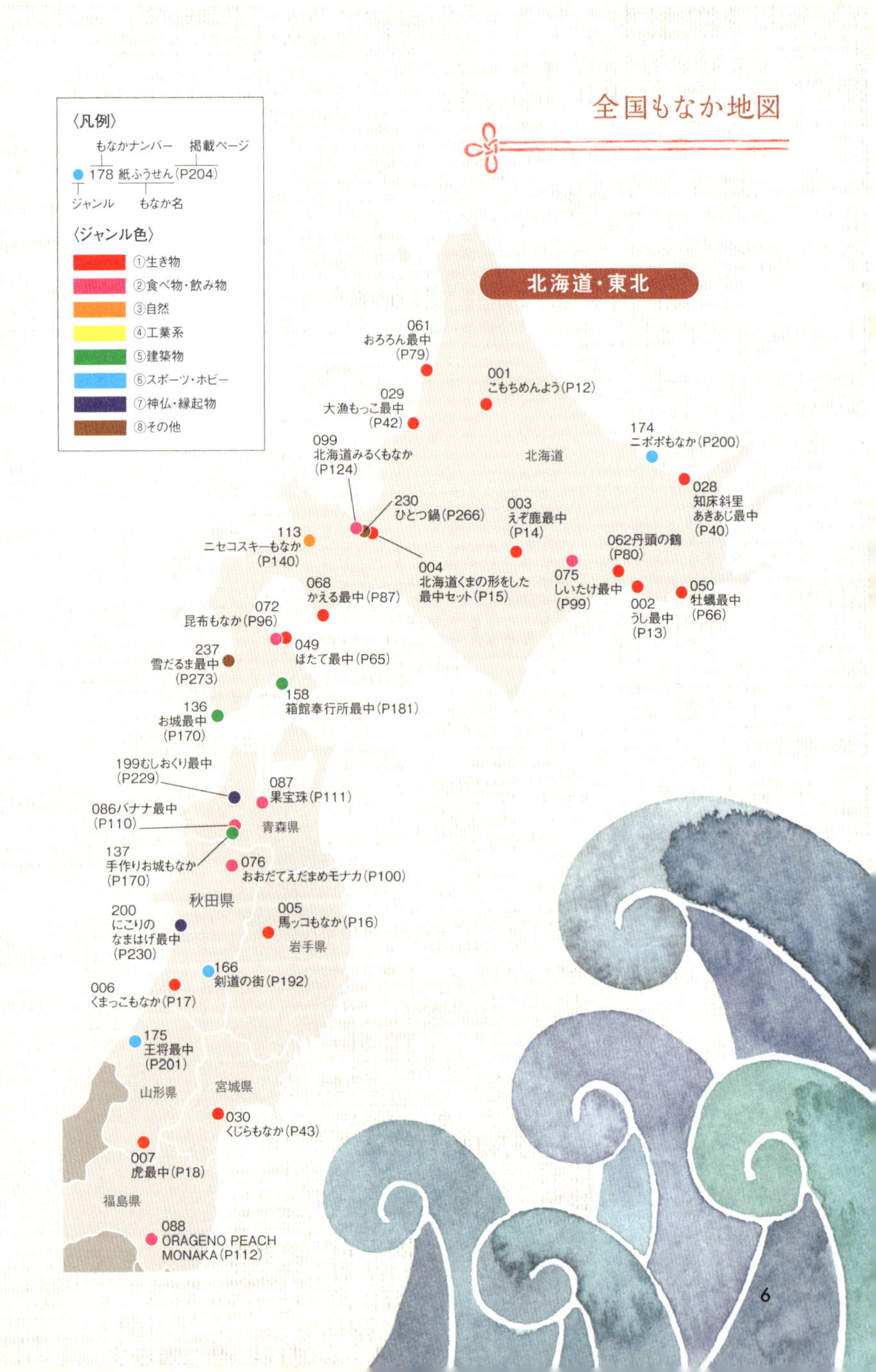
〈凡例〉
もなかナンバー
掲載ページ
178 紙ふうせん（P204）
ジャンル
もなか名
〈ジャンル色〉
①生き物
②食べ物・飲み物
③自然
④工業系
⑤建築物
⑥スポーツ・ホビー
⑦神仏・縁起物
⑧その他
北海道・東北
061 おろろん最中（P79）
001 こもちめんよう（P12）
029 大漁もっこ最中（P42）
174 ニポポもなか（P200）
099 北海道みるくもなか（P124）
北海道
028 知床斜里あきあじ最中（P40）
230 ひとつ鍋（P266）
003 えぞ鹿最中（P14）
113 ニセコスキーもなか（P140）
062丹頂の鶴（P80）
004 北海道くまの形をした最中セット（P15）
075 しいたけ最中（P99）
050 牡蠣最中（P66）
068 かえる最中（P87）
002 うし最中（P13）
072 昆布もなか（P96）
049 ほたて最中（P65）
237 雪だるま最中（P273）
158 箱館奉行所最中（P181）
136 お城最中（P170）
199むしおくり最中（P229）
087 果宝珠（P111）
086バナナ最中（P110）
青森県
137 手作りお城もなか（P170）
076 おおだてえだまめモナカ（P100）
秋田県
200 にこりのなまはげ最中（P230）
005 馬ッコもなか（P16）
岩手県
166 剣道の街（P192）
006 くまっこもなか（P17）
175 王将最中（P201）
山形県
宮城県
030 くじらもなか（P43）
007 虎最中（P18）
福島県
088 ORAGENO PEACH MONAKA（P112）

関東・中部

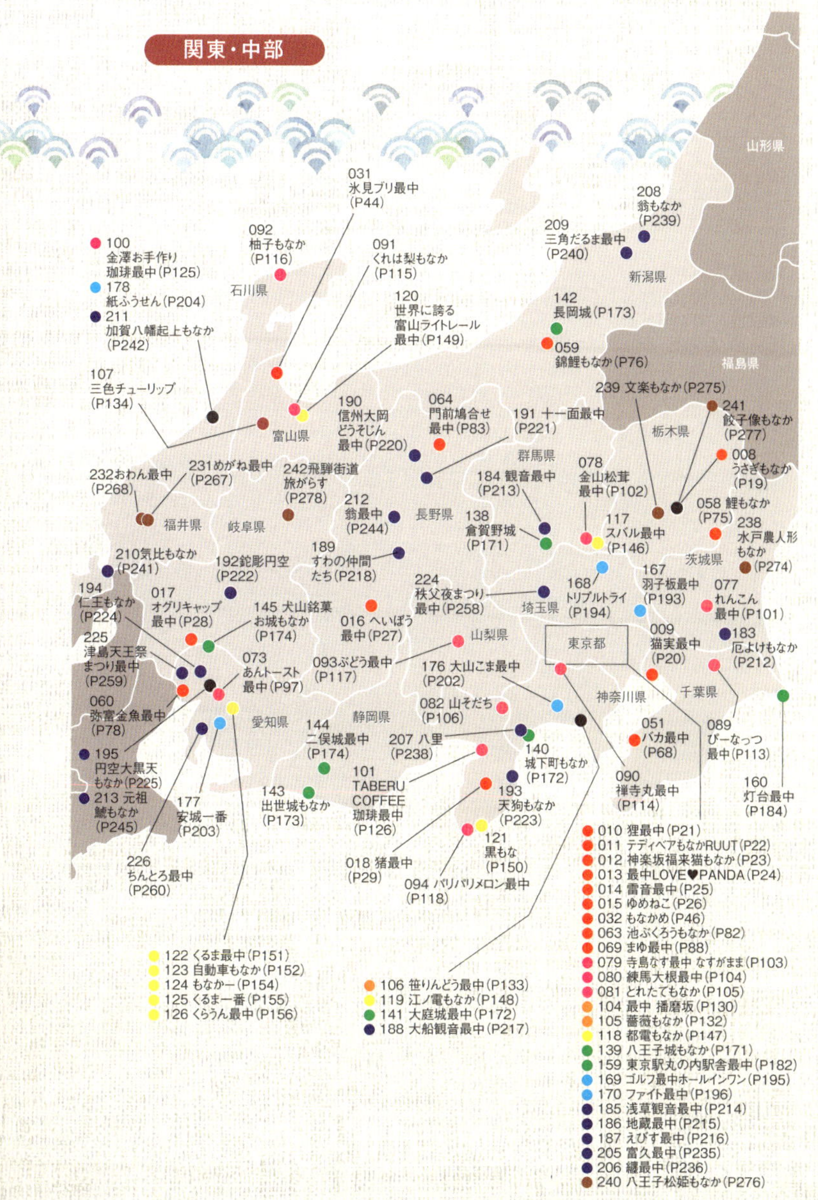

100 金澤お手作り珈琲最中(P125)
178 紙ふうせん(P204)
211 加賀八幡起上もなか(P242)
092 柚子もなか(P116)
031 氷見ブリ最中(P44)
091 くれは梨もなか(P115)
120 世界に誇る富山ライトレール最中(P149)
107 三色チューリップ(P134)
石川県
富山県
190 信州大岡どうそじん最中(P220)
064 門前鳩合せ最中(P83)
191 十一面最中(P221)
232おわん最中(P268)
231めがね最中(P267)
242飛騨街道旅がらす(P278)
212 翁最中(P244)
福井県
岐阜県
長野県
189 すわの仲間たち(P218)
210気比もなか(P241)
192鉈彫円空(P222)
194 仁王もなか(P224)
017 オグリキャップ最中(P28)
145 犬山銘菓お城もなか(P174)
016 へいぼう最中(P27)
225 津島天王祭まつり最中(P259)
073 あんトースト最中(P97)
093ぶどう最中(P117)
060 弥富金魚最中(P78)
195 円空大黒天もなか(P225)
213 元祖鯱もなか(P245)
177 安城一番(P203)
226 ちんとろ最中(P260)
愛知県
静岡県
144 二俣城最中(P174)
143 出世城もなか(P173)
101 TABERU COFFEE 珈琲最中(P126)
018 猪最中(P29)
094 パリパリメロン最中(P118)
121 黒もな(P150)
193 天狗もなか(P223)
207 八里(P238)
140 城下町もなか(P172)
082 山そだち(P106)
176 大山こま最中(P202)
山梨県
224 秩父夜まつり最中(P258)
埼玉県
138 倉賀野城(P171)
184 観音最中(P213)
群馬県
209 三角だるま最中(P240)
208 翁もなか(P239)
新潟県
山形県
142 長岡城(P173)
059 錦鯉もなか(P76)
福島県
239 文楽もなか(P275)
241 餃子像もなか(P277)
栃木県
078 金山松茸最中(P102)
117 スバル最中(P146)
008 うさぎもなか(P19)
058 鯉もなか(P75)
238 水戸農人形もなか(P274)
茨城県
168 トリプルトライ(P194)
167 羽子板最中(P193)
077 れんこん最中(P101)
183 厄よけもなか(P212)
009 猫実最中(P20)
東京都
神奈川県
千葉県
051 バカ最中(P68)
089 ぴーなっつ最中(P113)
160 灯台最中(P184)
090 禅寺丸最中(P114)
122 くるま最中(P151)
123 自動車もなか(P152)
124 もなかー(P154)
125 くるま一番(P155)
126 くらうん最中(P156)
106 笹りんどう最中(P133)
119 江ノ電もなか(P148)
141 大庭城最中(P172)
188 大船観音最中(P217)
010 狸最中(P21)
011 テディベアもなかRUUT(P22)
012 神楽坂福来猫もなか(P23)
013 最中LOVE♥PANDA(P24)
014 雷音最中(P25)
015 ゆめねこ(P26)
032 もなかめ(P46)
063 池ぶくろうもなか(P82)
069 まゆ最中(P88)
079 寺島なす最中 なすがまま(P103)
080 練馬大根最中(P104)
081 とれたてもなか(P105)
104 最中 播磨坂(P130)
105 薔薇もなか(P132)
118 都電もなか(P147)
139 八王子城もなか(P171)
159 東京駅丸の内駅舎最中(P182)
169 ゴルフ最中ホールインワン(P195)
170 ファイト最中(P196)
185 浅草観音最中(P214)
186 地蔵最中(P215)
187 えびす最中(P216)
205 富久最中(P235)
206 纏最中(P236)
240 八王子松姫もなか(P276)

全国もなか地図

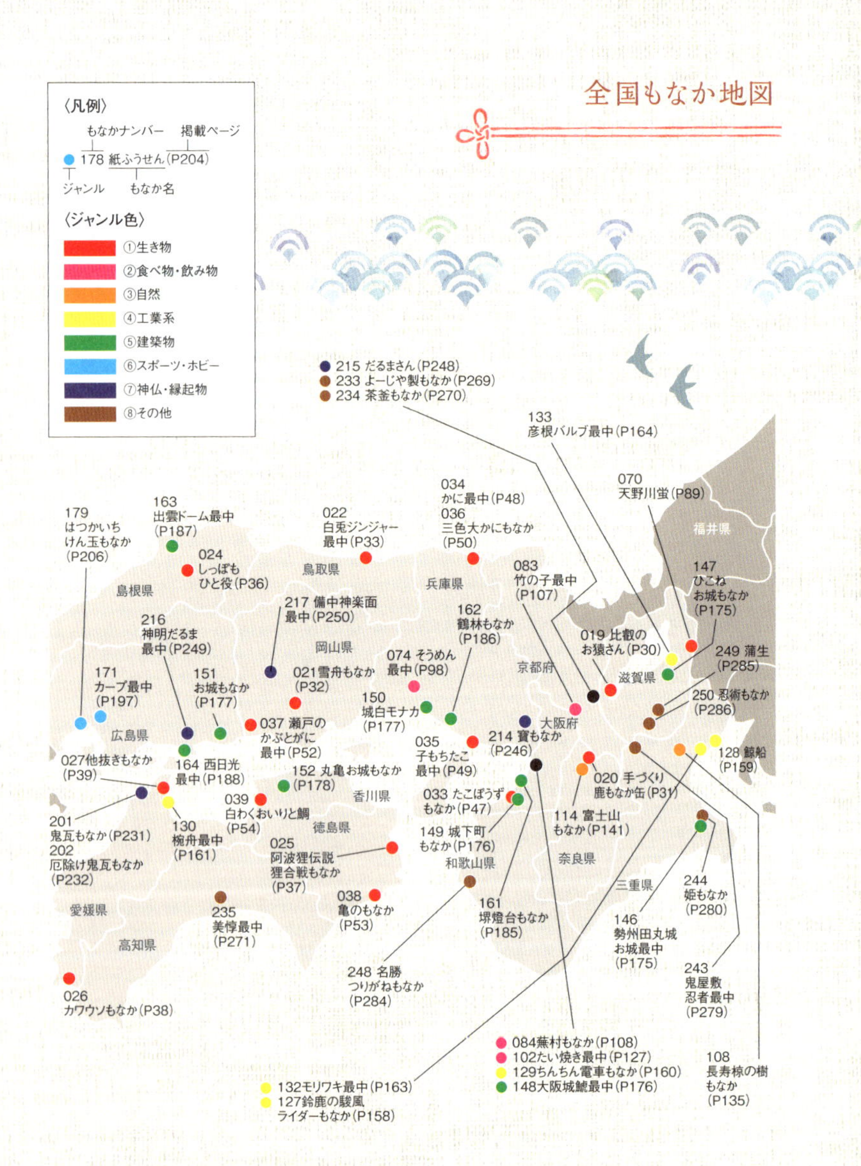

近畿・中国(一部)・四国

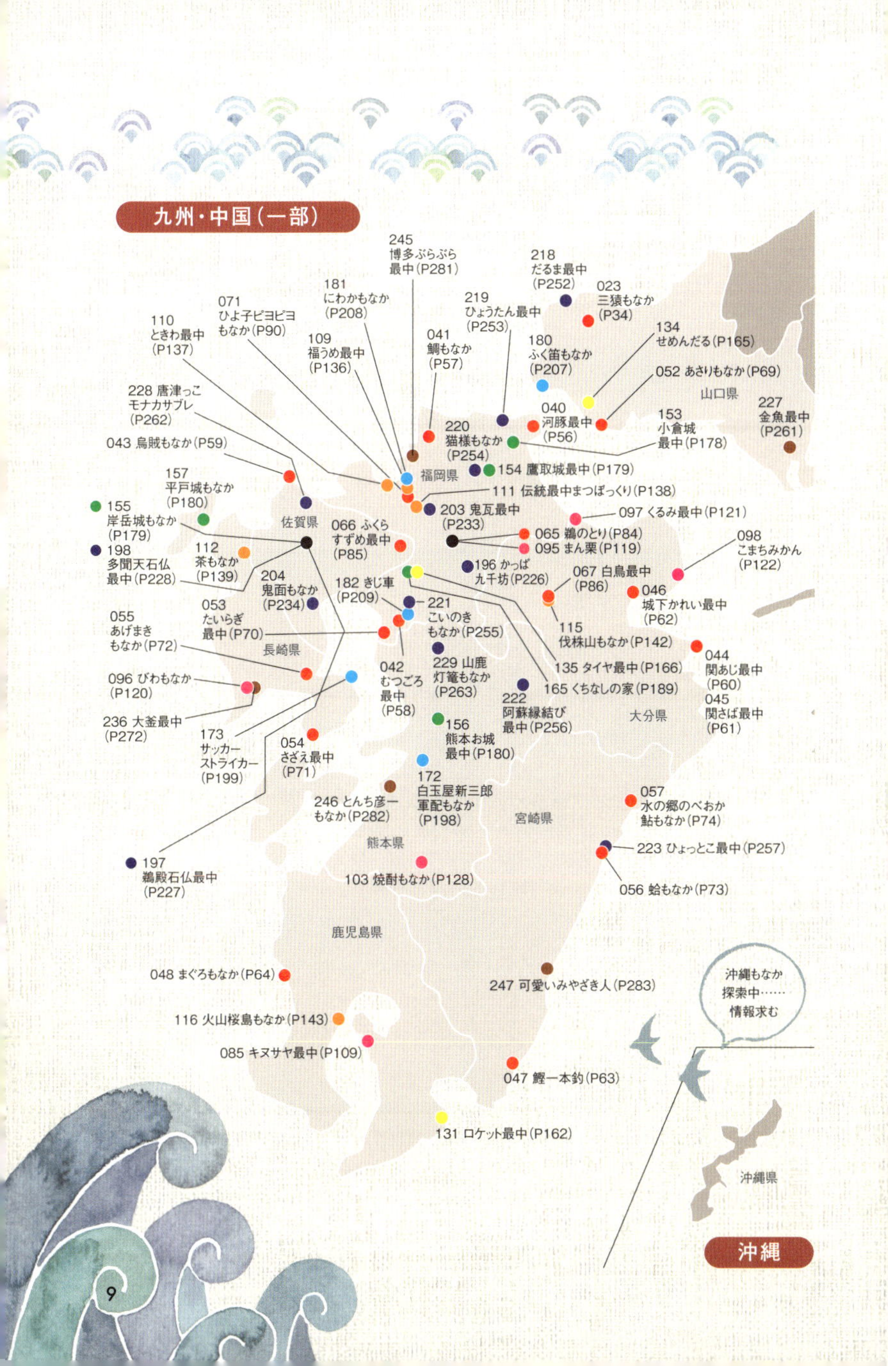

九州・中国（一部）
245 博多ぶらぶら最中（P281）
218 だるま最中（P252）
023 三猿もなか（P34）
181 にわかもなか（P208）
219 ひょうたん最中（P253）
071 ひよ子ピヨピヨもなか（P90）
110 ときわ最中（P137）
109 福うめ最中（P136）
041 鯛もなか（P57）
180 ふく笛もなか（P207）
134 せめんだる（P165）
052 あさりもなか（P69）
山口県
228 唐津っこモナカサブレ（P262）
040 河豚最中（P56）
153 小倉城最中（P178）
227 金魚最中（P261）
220 猫様もなか（P254）
043 烏賊もなか（P59）
157 平戸城もなか（P180）
154 鷹取城最中（P179）
福岡県
111 伝統最中まつぼっくり（P138）
155 岸岳城もなか（P179）
203 鬼瓦最中（P233）
097 くるみ最中（P121）
佐賀県
066 ふくらすずめ最中（P85）
065 鵜のとり（P84）
095 まん栗（P119）
098 こまちみかん（P122）
198 多聞天石仏最中（P228）
112 茶もなか（P139）
196 かっぱ九千坊（P226）
067 白鳥最中（P86）
204 鬼面もなか（P234）
182 きじ車（P209）
046 城下かれい最中（P62）
053 たいらぎ最中（P70）
221 こいのきもなか（P255）
055 あげまきもなか（P72）
115 伐株山もなか（P142）
長崎県
135 タイヤ最中（P166）
044 関あじ最中（P60）
042 むつごろ最中（P58）
229 山鹿灯篭もなか（P263）
096 びわもなか（P120）
165 くちなしの家（P189）
045 関さば最中（P61）
222 阿蘇縁結び最中（P256）
大分県
236 大釜最中（P272）
156 熊本お城最中（P180）
173 サッカーストライカー（P199）
054 さざえ最中（P71）
172 白玉屋新三郎軍配もなか（P198）
246 とんち彦一もなか（P282）
057 水の郷のべおか鮎もなか（P74）
宮崎県
熊本県
223 ひょっとこ最中（P257）
197 鵜殿石仏最中（P227）
103 焼酎もなか（P128）
056 蛤もなか（P73）
鹿児島県
048 まぐろもなか（P64）
247 可愛いみやざき人（P283）
沖縄もなか探索中……情報求む
116 火山桜島もなか（P143）
085 キヌサヤ最中（P109）
047 鰹一本釣（P63）
131 ロケット最中（P162）
沖縄県
沖縄

はじめに

今から2年以上前、当初全く違う内容の本で、おまけページ的に面白い形のもなかを掲載するということで始めたもなか集め。メインの取材をボチボチしながら、気持ちはもなか集めの方にどんどんシフト、憑りつかれてしまった。そのせいで、当初予定していた本の内容を丸ごとやり替えたいと、わがままを。もなかだけの本を作りたいなら、日本全国のもなかをたっくさん集めないと本にはできないよ。と言われ……そりゃそうだ。

そこからは、もなかを探すアンテナを広範囲に広げて日本全国津々浦々、出てくる出てくるカワイーのからヘンテコなものまで。あれも載せたいこれも載せたいとかき集めて、250もなか。別の企画からはじまり、こんなにも時間がかかってしまって、初めの頃に取材させてもらったお店には、本当に申し訳ないくらい待たせてしまった。

取材中、よく聞かれることがある。「なんで、もなかなの?」と。正直これだけの数のもなかと向き合ってきたけど、いまだに答えがわからない。可愛い！面白い！しか頭にないのだから仕方ない。ただ、それらしく言うと、ずっと昔に出会ったあるもなかが、あまりに可愛すぎたから。なのだ。

タイトル『全国もなかぼん』も、実をいうと『全国おもしろもなか本』の予定だったものを変更。見ているこちら側からは面白くても、お店からしたら伝統を守ってまじめに作り続けている商品。「おもしろ」は失礼になるかもしれないと省くことに。ただ、なんでコレをもなかにしようと思ったの!? という逸品が多いことは間違いない。では、なぜこんなことをだらだらと書いているかというと、日本全国にある四角や丸いオーソドックスな形のもなかは1個も載せてないわけで、あくまでも独断で選んだ面白い形のもなか本なのです。

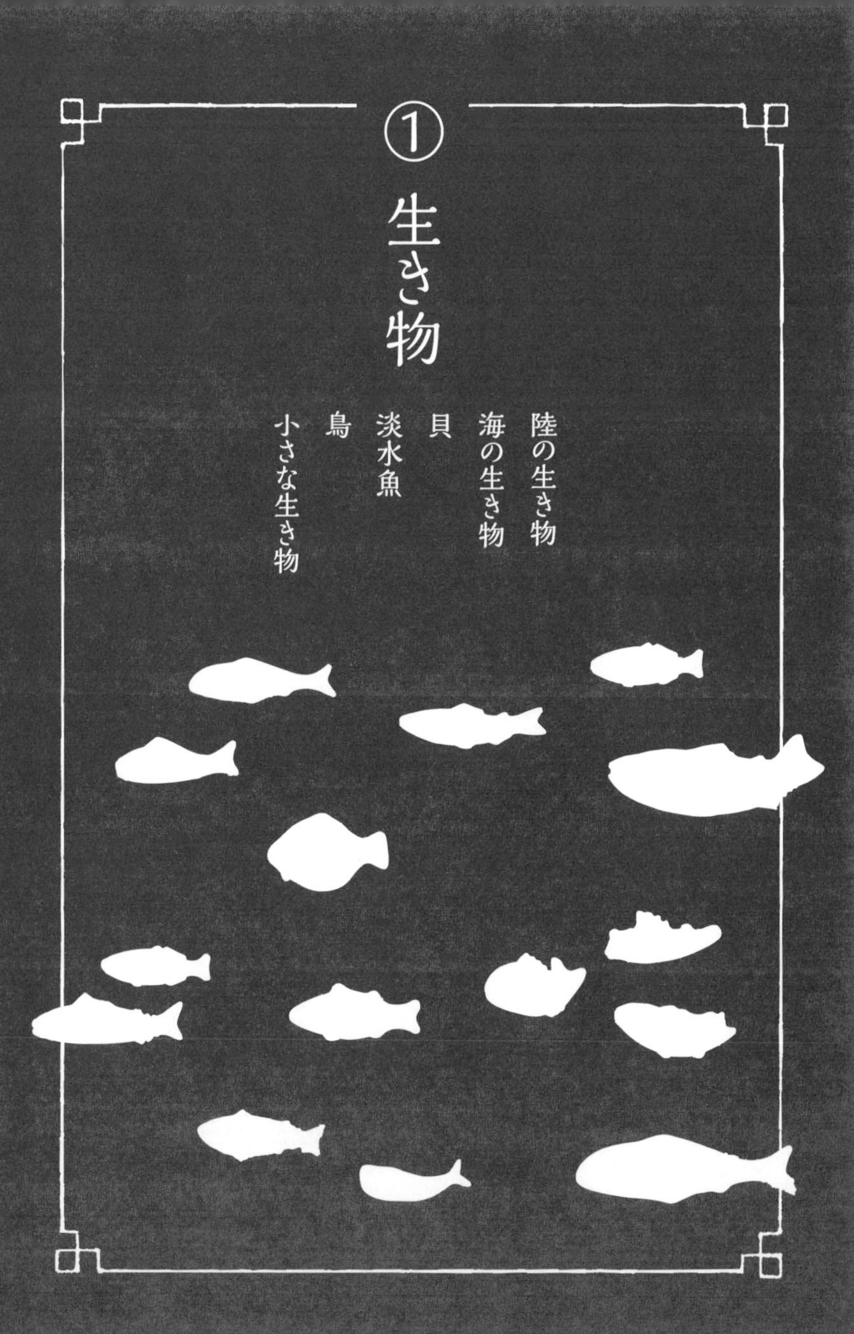

① 生き物

- 陸の生き物
- 海の生き物
- 貝
- 淡水魚
- 鳥
- 小さな生き物

monaka no. 001

こもちめんよう

●つぶあんにチョコレートかけ 餅入り
¥162円(税込)
電話にて問い合わせ

士別市は頭と四肢が黒いサフォークラムという品種の高級食用羊の飼育で名高い。

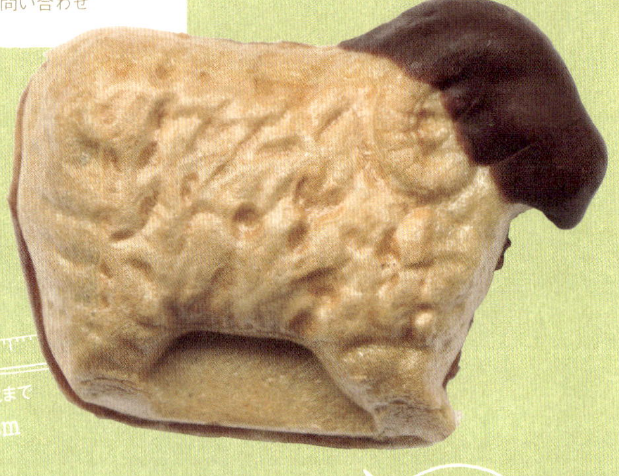

鼻先からお尻まで
全長 8 cm

チョコかけが、可愛さを倍増させてると思ふ。

菓子工房 美吉屋

北海道士別市大通西1丁目
0165-23-2047
9時～19時
休)日曜

monaka no. 002

うし最中

●つぶあん
¥160円(税込)
電話にて問い合わせ

狙って作ったわけではないのだけど、丑年に大ウケしちゃいました。

ウケるでしょう。だってカワイイもの。

鼻先からお尻まで
全長 8 cm

パティスリー コルネ

北海道釧路市昭和中央3-44-7
0154-51-8040
10時～19時
休）水曜

monaka no.003

えぞ鹿最中

●こしあん
¥110円（税込）
電話にて問い合わせ

以前の店からの引き継ぎで作り続けている。

メルヘン（*´艸`）

頭から足まで
全長 8 cm

笑福
しょう ふく
北海道河東郡鹿追町2-6-1
0156-66-3761
9時～19時
休）月曜

— monaka no.004 —

北海道
くまの形をした最中セット

●つぶあん、くりあんの2種類
¥クマのごはん2種と4匹セット
2268円（税込）
オンラインショップのみ

上から下まで
全長7.5cm

20年以上前「コロちゃん最中」の名称で販売していたが、15年前に丸い形のもなかに代わり販売を休止。「コロちゃん最中」の復活を希望するスタッフの声で、くまのもなかとして再び販売することに。名前は変わったが、形は当時のコロちゃんのまま。

札幌餅の美好屋
本店

北海道札幌市西区二十四軒
2条4-1-8
011-611-3448
9時～17時　休）日・祝日
http://www.rakuten.co.jp/miyoshiya-mochi/

ほんとに愛くるしい。お手作りセットに入ってる「あん」が「クマのごはん」って、もう、たまんないね（*´艸`）

monaka no.005

馬ッコもなか

●つぶあん餅入り
¥大195円、小135円（税込）
電話にて問い合わせ

農耕馬に感謝するチャグチャグ馬コという200年以上続く伝統行事。装飾された100頭ほどの馬が滝沢市の鬼越蒼前神社から盛岡市の盛岡八幡宮まで練り歩くというもの。その行事にちなんだ菓子を作った。

鼻先から尾まで
全長8.5cm

馬ッコ本舗 みやざわ 2丁目本店

岩手県盛岡市青山2-15-26
019-647-0047
9時〜18時　休）第3火曜、日曜
（創菓工房みやざわ青山3丁目店）
9時〜19時　休）第3火曜

日本の伝統なんだろうけど、なぜかロシア土産みたいな可愛いさ。

— monaka no.006 —

くまっこもなか

●つぶあん餅クルミ入り（姿）、白あん餅栗入り（顔）の2種類
¥145円（税込）
オンラインショップあり

何か新しい商品をと考案。

姿と顔の２種類っていうのがイイね。

鼻先から尾まで
全長 7 cm

右耳から左耳まで
全長 6 cm

松月堂菓子舗

秋田県由利本荘市矢島町元町
字間木173-1
0184-56-2541
9時～18時　休）第3日曜
http://www.kumakko.com

monaka no.007

虎最中

●つぶあん、ごまあんの2種類
¥145円（税込）
電話にて問い合わせ

上から下まで
全長6.5cm

怖い？可愛い？は別として、虎屋菓子店の名の通り虎の顔をモチーフに。

虎！阪神タイガースファンには必見の逸品。

和洋菓子 虎屋菓子店

山形県米沢市丸の内1-1-78
0238-23-1151
8時30分～18時30分
休）第1・2・4火曜、第3日曜
※季節により変動あり
http://www.geocities.jp/txqqp675/

monaka no.008

うさぎもなか®

●小倉あん（こがし）、金時あん（白）の2種類
¥108円（税込）
オンラインショップあり

創業者檜山三蔵の生まれ年でもあるうさぎをモチーフに。

コロンとしていて、可愛い。よく見て！ひげも目もちゃんとあるよ。

鼻先から尾まで
全長5.5cm

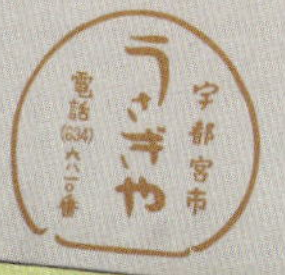

下野菓子処 うさぎや
しもつけ
栃木県宇都宮市伝馬町4-5
028-634-6810
8時30分～18時30分
休）水曜
http://www.usagimonaka.com

monaka no. 009

猫実もなか

ねこ　さね

●胡桃キャラメル
¥180円、6個箱入1160円（税込）

オンラインショップあり

猫実という地名にちなんで、猫をモチーフにした、珈琲に合うお菓子が作りたかったので。

パッケージもカワイイ。なんだか猫愛が伝わってくる。

上から下まで
全長4.5cm

猫実珈琲店

千葉県浦安市猫実4-16-16
047-382-8584
10時～18時
休）月曜、日・祝日
nekozane-coffee.com

monaka no. 010

狸最中

たぬき

●つぶあん（こがし）、白あん（白）の2種類
¥120円（税込）
店頭のみ販売

王子では、狐にまつわる話の方が有名だけど、同じ騙されるなら狸の方がいいでしょ。店の名前も狸家だからね。

確かに。なんとなくわかるな。

上から下まで
全長6.5cm

和菓子狸家

東京都北区王子本町1-23-1
03-3908-3004
9時〜19時
休）日曜（不定）

monaka no. 011

テディベアもなかRUUT

●つぶあん
¥お手作りもなかセット6体入り
1620円（税込）
オンラインショップあり

テディベア作家・利倉佳子さんとあんこ職人のコラボで生まれた。

パッケージもおしゃれでプレゼントにもいいね。

上から下まで
全長9.5cm

木下製餡（キノアン）

東京都板橋区幸町41-11
03-3955-5529
9時～17時
休）土・日・祝日
http://www.usagian.com

monaka no. 012

神楽坂福来猫もなか

●小倉あん（三毛猫あずき）、白あん（ピンク猫ふく）、こしあん（白猫くる）、黒糖（黒猫たけ）の4種類

¥250円（税別）

HPより問い合わせ

神楽坂は隠れた猫の街。路地裏や黒塀の上には決まって猫が。そんな猫の様子をもなかにしました。

それぞれの猫チャンに名前まで付いてるっ

上から下まで
全長7.5cm

神楽坂梅花亭（かぐらざかばいかてい） 本店
東京都新宿区神楽坂6-15
03-5228-0727
10時～20時
（日・祝日～19時30分）
休）不定
http://www.baikatei.co.jp

monaka no. 013

最中LOVE♥PANDA

●あずきあん（こがし）、メープルあん（白）の2種類
¥180円、6個入り（すごろく付き）1360円（税別）
オンラインショップあり

ファニーなパンダもなか、可愛いね（*´艸`）

上野動物園のパンダにちなんだもなか。

上から下まで
全長6.5cm

本郷 三原堂

東京都文京区本郷3-34-5
03-3811-4489
9時〜19時（土曜〜18時、日・祝日10時〜18時） 休）隔週日曜
http://www.hongo-miharado.co.jp

monaka no. 014

雷音最中

らい　おん

●つぶあん、白つぶあんの2種類
※色はこがしと紅白の3種類
¥216円（税込）
日本橋三越店のみ販売
※電話にて問い合わせ

日本橋三越で、三越にちなんだものをと、三越のシンボルのライオンを忠実に再現して作った。

鼻先から尾まで
全長7.5cm

百獣の王の風格が漂います。日本橋三越店のみ販売なんて希少価値！

菓匠花見
日本橋三越本店

東京都中央区日本橋室町1-4-1
本館地下1階
03-3516-8730
※時間・定休日は日本橋三越に準ずる
http://www.kasho-hanami.co.jp

monaka no. 015

ゆめねこ

●キャラメルとアーモンド
¥320円、5個入り1700円(税込)
オンラインショップあり

立体的な猫の形を再現したくて試行錯誤して完成させた。ローストしたアーモンドとキャラメル入りで、バニラと蜂蜜（白猫）、しょうゆと生クリーム（青猫）、フランボワーズ（薄紅猫）、ビターチョコ（黒猫）、シナモン（紫猫）の5種。

頭からお尻まで
全長 7cm

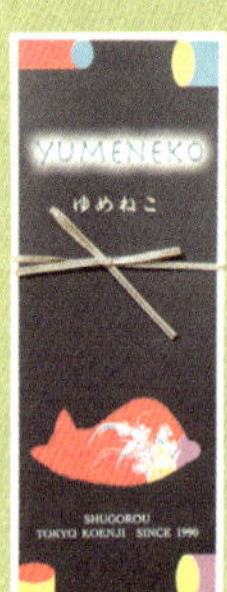

西洋菓子周五郎

東京都杉並区高円寺南2-21-11
03-3314-9927
11時～20時
休)火曜
http://www.shugorou.com

陽だまりで猫が丸まってお昼寝中。表と裏の形が違う複雑な形がお見事です。

monaka no. 016

へいぼう最中

●小豆あん（こがし）、ごまあん（白）の2種類
¥120円（税込）
オンラインショップあり

もなかからも凛とした雰囲気が伝わってくる。

霊犬早太郎＝へいぼう太郎（子犬のときの呼び名）伝説にまつわる。

上から下まで
全長5.8cm

和スイーツ 圓月堂

えんげつどう

長野県駒ケ根市中央4-17
0265-83-2733
8時～18時30分
休）月曜
http://engetsudou.wixsite.com/engetsudou/

monaka no. 017

オグリキャップ最中

●つぶあん刻み栗入り
¥150円（税込）
オンラインショップあり

平成三強の一頭、第二次競馬ブーム期に高い人気を得たオグリキャップ。笠松競馬からの出世馬でもある。

お馬の全身じゃないところがステキなもなか。パッケージもいいね。

上から下まで
全長5.5cm

御菓子司 小梅

岐阜県羽島郡笠松町長池287
058-388-0651
8時～19時30分
休）火曜

monaka no. 018

猪最中

●つぶあん
¥130円（税込）
オンラインショップあり

伊豆の天城は昔から猪がよく出る所で、郷土料理として獅子鍋がある。温泉旅館などから、伊豆に因んだお土産をと要請があって作り始めた。

頭からお尻まで
全長 8 cm

干支が亥ということで、親近感～

小戸橋製菓（ことばし） 天城本店
静岡県伊豆市月ヶ瀬580-6
0558-85-0213
8時～17時（夏季～18時）
休）なし
http://www.kotobashi.com/

monaka no. 019

比叡のお猿さん

●こしあん刻み栗入り
¥130円（税別）
電話にて問い合わせ

上から下まで
全長5cm

延暦寺・西教寺・日吉大社にて古来より守り神として崇められているお猿さんをもなかに。

見て見て！子ザル抱っこしてるよ！

御菓子司 鶴屋益光
つるや ますみつ
滋賀県大津市坂本4-11-43
077-578-0055
9時～19時
休）水曜
http://www.tsuruya.jp

monaka no.020

手づくり鹿もなか缶

●つぶあん
¥8組入り（こがし・白各4個）
1836円（税込）※4袋（お手詰めもなか）
日本市 奈良三条店、遊 中川本店のみ店頭販売

奈良県を代表する動物で、奈良公園及びその周辺で生息する日本鹿は国の天然記念物に指定されている野生動物。1000年以上の歴史があるともいわれている。

鼻先から尾まで
全長 5 cm

パッケージもカワイイ！

日本市 奈良三条店

奈良県奈良市角振新屋町1-1
ファインフラッツ奈良町三条1F
0742-23-5650
10時～19時
休）不定
http://www.yu-nakagawa.co.jp

monaka no. 021

雪舟もなか

せっしゅう

●つぶあん
¥151円（税込）
電話にて問い合わせ

上から下まで
全長7.5cm

雪舟が少年時代に涙でねずみの絵を描いたという話に由来して。

ねずみのもなか。とっても珍しいと思う。

平川雪舟庵

岡山県総社市井手589-1
0866-94-3986
8時～20時
休）年末年始
http://www.sessyu.co.jp

monaka no.022

白兎ジンジャー最中

はくと

●こしあん生姜入り
¥2匹セット 270円(税込)
電話にて問い合わせ

鳥取因幡の白兎神話に因んだお菓子を。

上から下まで
全長7.8cm

紅白のカップルうさぎ。
おめでたいもなか。

お菓子のみどりや

鳥取県鳥取市気高町勝見662-11
0857-82-0558
8時30分〜19時30分
休)なし
http://midoriya-tottori.com

見ザル言わザル聞かザルの３パターンが楽しめる。

頭から足元まで
全長 6 cm

俵山温泉は薬師如来の化身である白猿が温泉を発見したと伝えられているので、猿をモチーフにしたもなかを作った。

monaka no. 023

三猿もなか

●つぶあん
¥65円（税込）
店頭販売のみ

頭から足元まで
全長 6 cm

頭から足元まで
全長 6 cm

福田泉月堂

山口県長門市俵山湯町5077
0837-29-0260
7時30分～19時
休）火曜

monaka no. 024

しっぽもひと役

●小倉あん
¥210円、4個箱入1100円（税込）
オンラインショップあり

永井隆博士とゆかりがあり、彼が描かれた「しっぽもひと役」の絵をそのままに、可愛いこぶたのもなかを作った。

頭からお尻まで
全長6.5cm

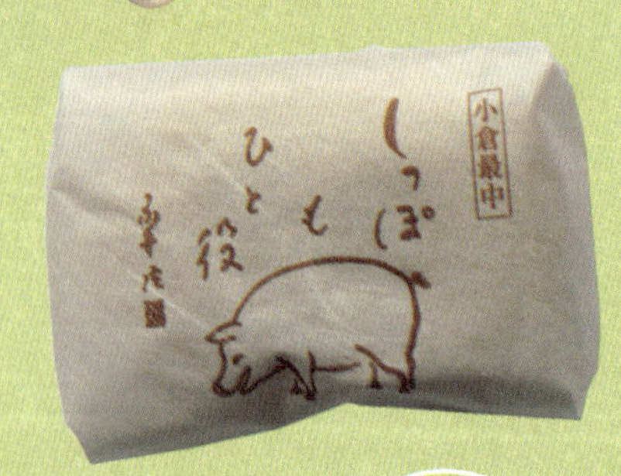

パッケージにも描かれている「しっぽもひと役」なんか、品がイイんだよね。

しっぽもひと役本舗
天満屋

島根県雲南市三刀屋町三刀屋315
0854-45-2117
11時〜17時
休）土・日曜
http://tenmaya.com

monaka no. 025

阿波狸伝説 狸(たぬき)合戦もなか

●つぶあん
¥150円（税別）
オンラインショップあり

タヌキとは縁の深い小松島。地域の再発見事業のひとつとして企画され、かわいいタヌキ形のもなかを作った。

世界一大きなタヌキの像がある公園がすぐそばに！

上から下まで
全長6.5cm

和菓子処 山陽堂

徳島県小松島市南小松島町13-27
0885-32-1258
8時～18時30分
休）水曜
http://komatsushima.ne.jp/sanyodo/

— monaka no. 026 —

カワウソもなか

●つぶあん
¥5個入り540円、8個入り972円、12個入り1404円（税込）
電話にて問い合わせ

創業当時ご主人が外でカワウソに出会ったことから。

南宇和 観光銘菓 カワウソもなか

鼻先から尾まで
全長11cm

もなかって実はこの細長い感じの形が一番食べやすいのです !(^^)!

梶原製菓

愛媛県南宇和郡愛南町城辺甲2671
0895-72-0372
8時～18時（日曜～12時）
休）なし
http://kajiwaraseika.web.fc2.com

— monaka no.027 —

他抜きもなか

●つぶあん刻み栗入り
¥76円（税込）
HPより問い合わせ

上から下まで
全長6.5cm

いたずらを繰り返す狸の話、すごく賢い狸の話など、たくさんの話が残っている、狸と縁のある土地。他を抜き出るという意味も込めて他抜きもなかを作った。

調べてみたけど、今治市は本当に狸伝説が豊富な所みたい（゜Д゜）

母恵夢本舗 本店
ぽえむ

愛媛県今治市本町2-1-29
0898-32-5660
9時～20時
休）元日
http://poemehonpo.co.jp

巨大すぎるもなか！こんな大きいもなかははじめて見たよ（゜ロ゜）

monaka no. 028

知床斜里 あきあじ最中

●つぶあん
¥400円（税込）
電話にて問い合わせ

斜里町のあきあじ（鮭）は漁獲量日本一ということから。

千秋庵

北海道斜里郡斜里町文光町49
0152-23-5437
9時～19時
休）不定

monaka no.029

大漁もっこ最中

●つぶあん求肥餅入り
¥180円（税込）
電話にて問い合わせ

ニシン漁で有名だった留萌、数の子生産量日本一。海が濁るほどだった。当時は大量に獲れたニシンを「もっこ」と呼ばれる木の籠にいれて背負って運んでいたため、それをモチーフに作った。

上から下まで
全長7.5cm

千成家

北海道留萌市錦町3-1-14
0164-42-0365
9時～19時
休）水曜
http://www.r-sennariya.co.jp

斬新過ぎて、掲載せずにはいられないよ。

monaka no. 030

くじらもなか®

●つぶあん、ごまあん、抹茶あん、仙台みそ、青のり、コーヒー、ワイン、ずんだの8種類
¥200円、ずんだ220円（税込）
オンラインショップあり

捕鯨禁止がきっかけとなり、思い出を残したいとの想いから誕生。くじらは、世界の海を回遊することから7つの海にちなんで、7種類のあんを作りました。最近は、地元の味として、ずんだが加わった。

見た目もカワイイし、由来もステキ。

口先から尾まで
全長11.5cm

くじらもなか本舗

宮城県仙台市青葉区木町通1-2-18
022-261-4490
10時～18時
休）火曜
http://kujiramonaka.jp

頭からお尻まで
全長11cm

monaka no. 031

氷見ブリ最中®

●つぶあん、こしあん、抹茶あん、みそあん、しそあん、白あずき、青のりあんの7種類　¥180円（税込）

電話にて問い合わせ

氷見らしいものをと10年前の当時、夫婦二人で考えた氷見ブリにちなんだもなか。

日本一の寒ブリといわれる氷見ブリ！

勘右衛門母母座（かんえもんかかざ）

富山県氷見市中央町199-12
0766-73-7205
8時30分～17時
休）水曜
http://kanemon.com

monaka no. 032

もなかめ

●つぶあん
¥240円（税込）
店頭販売のみ

亀澤堂創業111年を記念して屋号に因んだ亀の形のもなかを作った。

「可愛いらしい亀にしたかったんだよね」とご主人。確かに可愛いですよ(*´ω`*)

頭から尾まで
全長7cm

亀澤堂

東京都千代田区神田神保町1-12-1
03-3291-1055
9時～18時
休）日・祝日
http://www.kamezawado.co.jp

monaka no.033

たこぼうずもなか®

●つぶあん
¥150円（税込）
電話にて問い合わせ

昔、岸和田城を救ったといわれる大蛸伝説のタコをモチーフに。

上から下まで
全長 6 cm

大蛸が救った岸和田城
……さすが大阪。

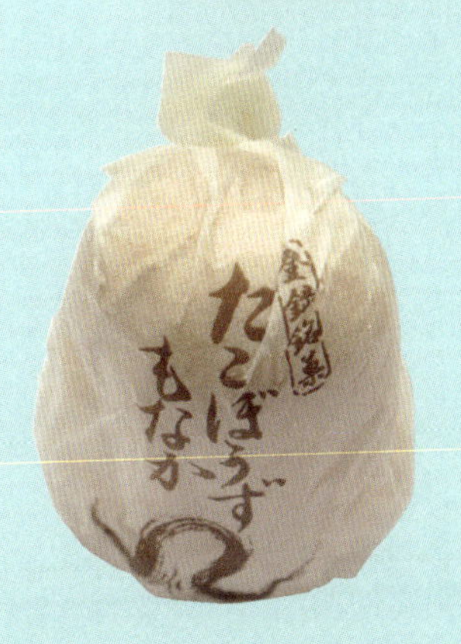

林宝泉堂
はやしほうせんどう
大阪府貝塚市海塚1-6-16
072-422-2257
8時〜18時
休）木曜

monaka no. 034

かに最中

●つぶあん
¥6匹入1100円（税込）
オンラインショップあり

冬が旬な松葉ガニ、カニを目当てに城崎に訪れる観光客の皆様に、手軽に城崎のカニをお土産に持って帰ってもらいたいという思いで、先々代の時代から作り続けている。

小ぶりでリアルなカニ。可愛いサイズ感。

右から左まで
全長 8cm

城崎温泉みなとや

兵庫県豊岡市城崎町湯島416
0796-32-2014
8時30分〜17時30分、19時30分〜22時　休）不定
http://www.kinosaki-miyage.com

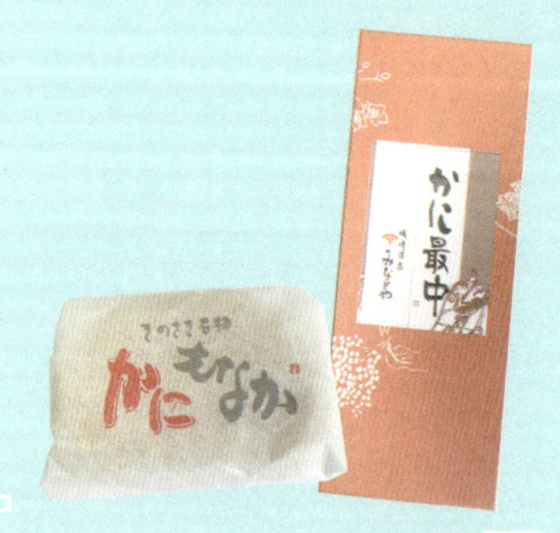

monaka no. 035

子もちたこ最中®

●つぶあん餅入り、白あん餅入り、抹茶あん餅入りの3種類
¥3個セット420円（税込）
オンラインショップあり

明石の冬といえばイイダコ。小さな餅入りのもなかは、「小さい餅」と「子もち」をかけて作った。

上から下まで
全長6cm

なるほど！子持ちと、小餅ね〜。

明植堂 本店

めい しょく どう
兵庫県明石市桜町14-21
078-912-3600
8時〜18時
休）不定
http://www.meishokudo.com

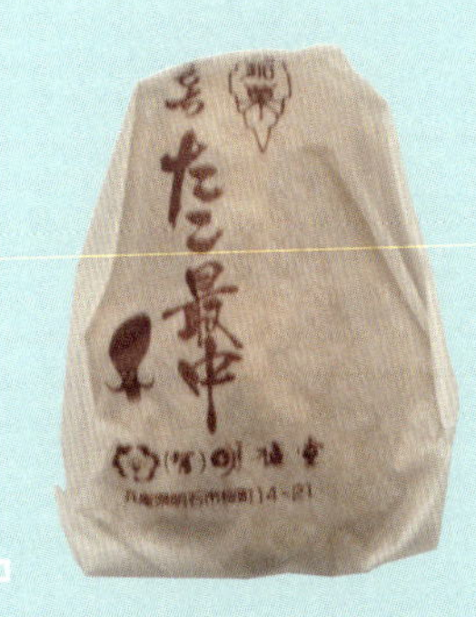

右から左まで
全長17cm

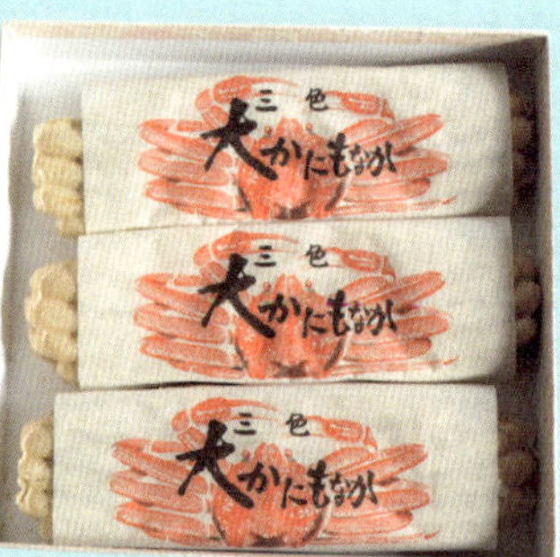

monaka no.036

三色大かにもなか

●つぶあん・抹茶あん・柚あんの三色あん入り
¥3尾入り750円、5尾入り1200円（税込）
電話にて問い合わせ

城崎は蟹が有名。松葉蟹をモチーフに。

1尾に3色のあんが入った巨大な蟹。形もリアル。

斉藤製菓堂

兵庫県豊岡市城崎町湯島107
0796-32-2308
8時～16時30分
休）不定

monaka no. 037

瀬戸のかぶとがに最中

●白のつぶあん
¥145円（税込）
電話にて問い合わせ

カブトガニの生息地。日本で唯一カブトガニを繁殖させている土地。

裏もリアル

頭からお尻まで
全長8.5cm

清月堂

岡山県笠岡市中央町18-11
0865-63-1177
8時～18時30分
休）月末の木曜

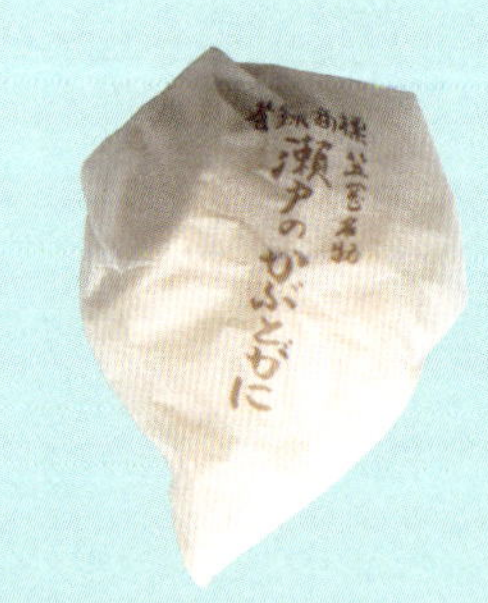

monaka no. 038

亀のもなか

●青のりあん（こがし）、つぶあん（白）の2種類
¥120円（税別）
オンラインショップあり

近くの大浜海岸は海亀が産卵にやってくることで有名。ということから亀のもなかを。

リアルな海亀の形。浦島太郎が乗るタイプのヤツだ。

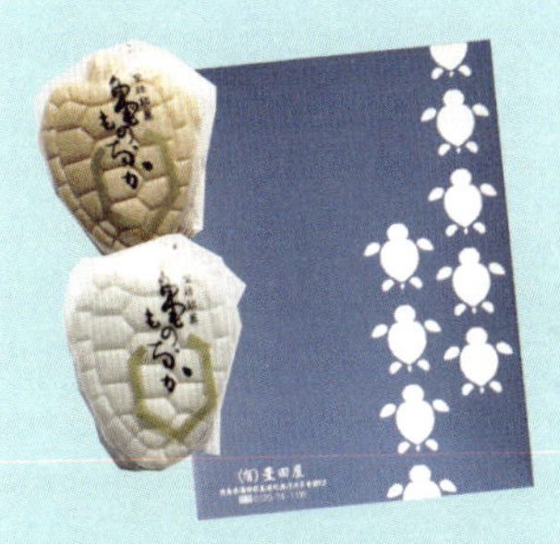

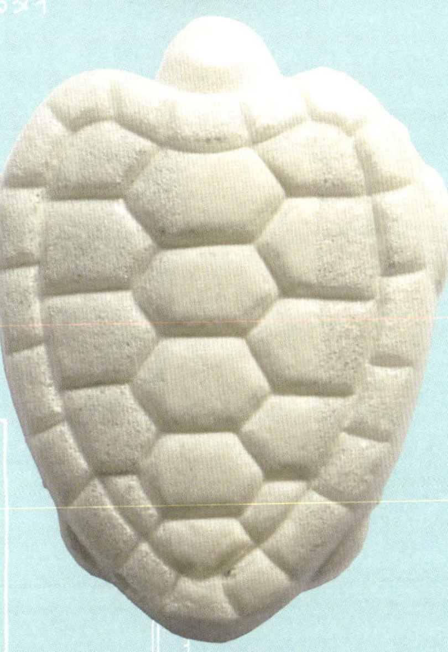

頭からお尻まで
全長7.5cm

豊田屋

徳島県海部郡美波町奥河内
字寺前93
0884-77-1133
10時～19時
休）日曜

淡い色で、ホントに
可愛い！たまらなく
カワイイ！！
口から尾まで
全長 8 cm

monaka no.039

白わくおいりと鯛

●ボン菓子
¥520円(税込)
オンラインショップあり

香川県の西讃地域で作られている「おいり」は結婚式には欠かせないものとされている。おめでたいお菓子なので、カラカラ鯛というオリジナルの鯛の形のもなかの中にボン菓子を入れて、おいりとセットに。

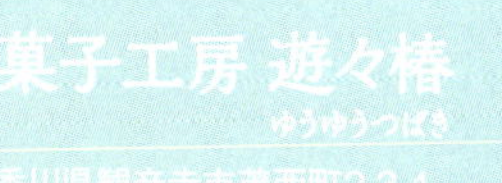

香川県観音寺市茂西町2-3-4
0875-25-2731
9時30分～18時
休)不定
http://www.youyou-tsubaki.com

monaka no. 040

河豚最中

ふぐ

●つぶあん
¥129円(税込)
オンラインショップあり

地の名産ふぐをモチーフに。

頭からしっぽまで
全長 5.5 cm

ひと回り小さいサイズ
「ふくっ子」86円（税込）
もあるよ

梅園

うめ その

福岡県北九州市門司区柳町2-2-1
0120-380-881
9時～20時
休）年始
http://www.umezono.co.jp

monaka no. 041

鯛もなか

●つぶあん（こかし・玄界鯛もなか）、白あん（ピンク・福津鯛もなか）の2種類
¥130円（税込）
電話にて問い合わせ

鯛が水揚げされていた漁港が近く、めでたいモノをと作った玄界鯛もなか。福津鯛もなかは、福津にあるお豆腐屋さんの豆乳とおからを混ぜた白あんと、地産地消にこだわっている。

頭からしっぽまで
全長9.5cm

菓子舗さゝ舟

福岡県福津市津屋崎1-1-19
0940-52-1729
9時～20時
休）不定

オーソドックスと思われる鯛！案外ないんだよね～

monaka no. 042

むつごろ最中®

●つぶあん（こがし）、白あんに青のり入りのりあん（白）の2種類
¥140円（税別）
電話にて問い合わせ

ムツゴロウなのに……
なぜか……品を感じる形

ムツゴロウと海苔で有名な有明海が近いから。

頭からしっぽまで
全長11.5cm

正月堂

福岡県柳川市大和町中島952
0944-76-3218
8時～19時
休）第1・3水曜

monaka no.043

烏賊もなか

●こしあん求肥入り（こがし）、白あん求肥入り（白）の2種類
¥140円（税込）
店頭販売のみ

イカの名産地の呼子町なので。

えんぺらから足まで
全長9cm

呼子といえばイカでしょ！

市丸製菓舗

佐賀県唐津市呼子町呼子4181-3
0955-82-3503
8時～19時
休）元日

monaka no.044

関あじ最中

●こしあん
¥130円（税別）
電話にて問い合わせ

今でこそブランドとして名が通った関あじ関さば！名づけの親だったとは！

— monaka no.045 —

関さば最中

●つぶあん羽二重餅入り
¥245円（税別）
電話にて問い合わせ

一村一品ということで佐賀関で水揚げされるアジに関あじ、サバに関さばと名づけ、もなかに。

御菓子司 高橋水月堂 本店

大分県大分市大字佐賀関3332-2
097-575-0161
9時～18時
休）火曜

monaka no.046

城下かれい最中

●つぶあん
¥108円（税込）
電話にて問い合わせ

第一回目の大分国体の時に
日出にちなんだものをと、
二代目が考案。

厚みがちょうど良くて
とても食べやすいサイズ。

頭からしっぽまで
全長9.8cm

笑和堂

大分県速見郡日出町2115
0977-72-2616
8時30分～18時
（土・日・祝日～17時）
休）水曜

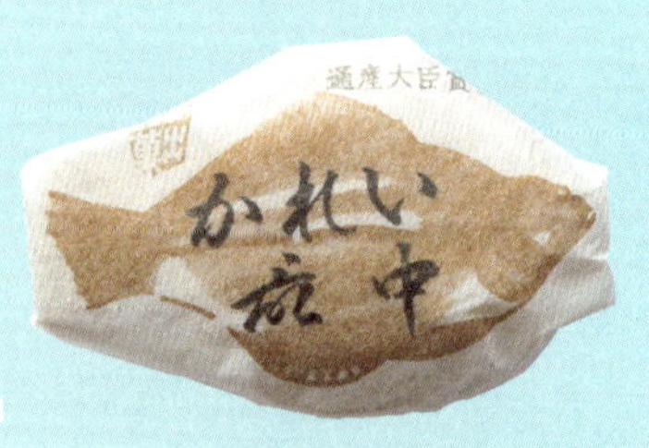

monaka no. 047

鰹一本釣

●白あん「かつおみそ」とレモン入り
¥130円（税別）
電話にて問い合わせ

南郷町は近海カツオ一本釣り漁獲量日本一ということから、町おこしのために作った。

右から左まで
全長 6 cm

魚の形は色々あるけど、カブトのみって、珍しい！

明月堂

宮崎県日南市南郷町東町2-7
0987-64-3377
8時～20時
休）元日

monaka no. 048

まぐろもなか

●つぶあん

¥150円（税込）

店頭販売のみ

昔から遠洋マグロ漁業で栄える土地柄なので。

頭からしっぽまで
全長 13cm

薩摩蒸氣屋の中でもいちき串木野店と川内店の２店舗のみ販売。

薩摩蒸氣屋
いちき串木野店

鹿児島県いちき串木野市
ひばりが丘5729
0996-33-5858
8時～20時
（川内店は8時30分～20時）
休）なし

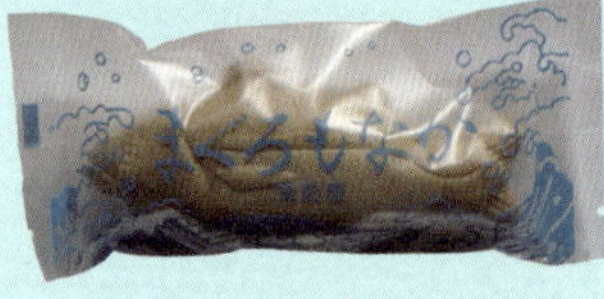

monaka no. 049

ほたて最中

●つぶあん、青のりあんの2種類
¥120円（税込）
オンラインショップあり

ホタテの養殖産業が盛んな町だったから。

北海道といえばホタテです。

蝶番から測った長さ
全長 7 cm

きのした菓子舗

北海道茅部郡森町字砂原2-387-1
01374-8-2021
9時～17時
休）日曜
http://konbumonaka.com

デカい！重い！！ビック
リサイズのもなか。

あら川菓子司
厚岸本店

北海道厚岸郡厚岸町真栄1-314
0153-52-3247
9時～19時（日・祝日～17時）
休）元日

生き物／貝

—— monaka no.050 ——

牡蠣最中

●つぶあん求肥餅入り（こがし）、牡蠣エキス入り白あん求肥餅入り（藤色）の2種類

¥大300円、小180円（税抜）

🚚 電話にて問い合わせ

厚岸の牡蠣に含まれる牡蠣エキスを加えたもなか。

蝶つがいから測った長さ

全長 9 cm

— monaka no. 051 —

バカ最中

●つぶあん求肥入り
¥180円（税込）
電話にて問い合わせ

今では少なくなってしまったが、少し前まで富津の海ではバカ貝がよく獲れていたから。

蝶番から測った長さ
全長5.5cm

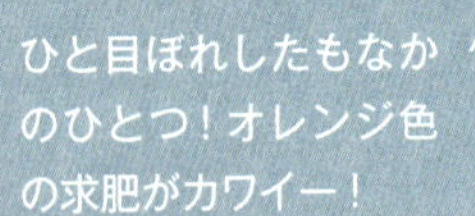

ひと目ぼれしたもなかのひとつ！オレンジ色の求肥がカワイー！

手作り和菓子工房
野口製菓

千葉県富津市富津1487-2
0439-88-0881
9時～18時
休）不定

monaka no.052

あさりもなか®

●つぶあん
¥10個入り517円(税込)
電話にて問い合わせ

瀬戸内では昔はアサリが特産品だった。

もなかの可愛さにひと目ぼれして、この本のきっかけとなったもなかがコレなんです♥

御和菓子処 いのくま 西本町店

山口県宇部市西本町2-16-18
0836-31-2531
8時～19時(祝日～18時)
休)日曜

一番長いところ
全長 5 cm

monaka no.053

たいらぎ最中®

●つぶあん求肥入り（こがし）、抹茶あん求肥入り（白）の2種類
¥120円（税別）
オンラインショップあり

九州ってホント貝の形多いなっ、たいらぎまで最中になるとは！

有明海でたいらぎ貝が獲れていたから。

長崎屋

福岡県大牟田市大正町4-6-1
0944-55-1313
9時〜19時
休）元日

蝶番から測った長さ
全長10cm

monaka no. 054

さざえ最中

●つぶあん
¥150円（税込）
電話にて問い合わせ

この、トゲトゲと立体感すごい。裏っ側もきっちりさざえなのだ。

その昔、口之津でさざえが獲れていたそうで……。

松田屋老舗

長崎県南島原市口之津町丙栄町4343
0957-86-2796
9時～19時30分（火曜～19時）
休）月2回水曜（不定）

一番長いところ
全長 6 cm

— monaka no. 055 —

あげまきもなか

●小倉あん、抹茶あんの2種類
¥105円（税込）
電話にて問い合わせ

以前諫早湾では、あげまき貝が獲れていたから。

細かい成長線もハッキリ浮き出ててステキ。

草野菓子舗

長崎県諫早市森山町田尻977
0957-36-1120
8時～19時
休）第1・3火曜

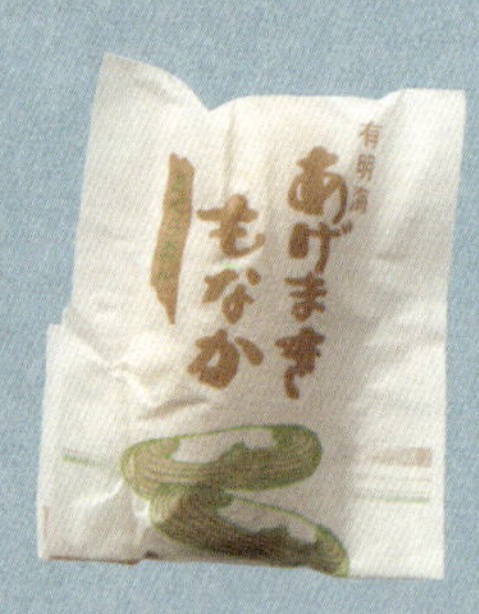

monaka no.056

蛤もなか

はまぐり

●つぶあん
¥120円（税別）
電話にて問い合わせ

はまぐりの名産地で有名なお倉ヶ浜にちなんで。

一番長いところ
全長 7 cm

厚みもあって食べ応えあり。

お菓子の兎月堂

宮崎県日向市原町1-3-14
0982-52-2763
10時～21時
休）不定

— monaka no. 057 —

水の郷のべおか
鮎もなか

●つぶあん
¥170円（税込）
オンラインショップあり

水郷の町、延岡に流れる五ヶ瀬川の上流には尺鮎（30cm の大きな鮎）も生息している。市街地では最大級の鮎やなも盛んな街。

鮎の口から割りばし刺して、オーブンで少し温めると、皮がパリッとしておいしいよ～と、社長の上田さん。間違いないねっ！

日向の国 虎屋
ひむか
宮崎県延岡市幸町1-20
0982-32-5500
8時～19時
休）元日
http://toranoko.jp

monaka no. 058

鯉もなか

●つぶあん（こがし）、ゆずあん（ピンク）の2種類
¥140円（税込）
店頭販売・もてぎ道の駅

茂木町の中心を流れる逆川に泳ぐ鯉をかたどったもなか。

鯉の鱗のもようがすごく凝っていて素敵。

口から尾まで
全長12cm

菓子処 いい村

栃木県芳賀郡茂木町飯2275-1
0285-65-0068
8時～18時
休）不定

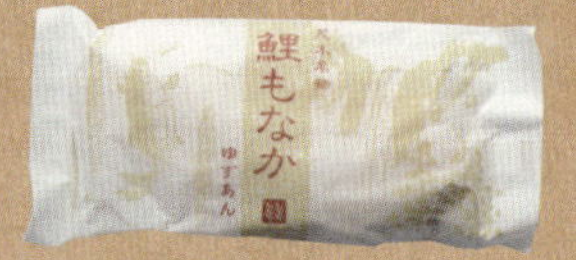

口から尾まで
全長12cm

錦鯉は、江戸時代にマゴイが突然変異した変種なんだって！

銘菓
錦鯉
もなか

monaka no.059

錦鯉もなか®

●つぶあん、抹茶あん、白あん、ゆずあんの4種類
¥6尾入1280円（税込）
電話にて問い合わせ

新潟県小千谷市は錦鯉発祥の地といわれ、2017年5月「県の観賞魚」として認定された。錦鯉の模様のように色々な味を楽しめるよう、4色の錦鯉と、4種類のあんを作った。

菓子処 澤田屋

新潟県小千谷市平成2-1-1
0258-82-2323
9時～18時30分
休）水曜
http://ojiya-sawadaya.jimdo.com

— monaka no. 060 —

弥富(やとみ)金魚最中®

●抹茶あん、小豆あんの2種類
¥138円（税別）
電話にて問い合わせ

日本らしくて、すごく可愛らしいもなか。

日本にいる金魚の全品種がそろう産地で、品種数、売上高では日本一の弥富にちなんだもなか。

右から左
全長9.5cm

大橋屋 菓子舗

愛知県弥富市鯏浦町中六13-3
0567-67-0834
8時30分～18時30分
休）月曜

monaka no. 061

おろろん最中

●つぶあん、白あんの2種類
¥130円（税込）
店頭販売のみ

おろろん鳥とよばれるウミガラス。羽幌町では保護増殖の取り組みをしている。

ペンギンかと思ってました。

頭から足まで
全長 8 cm

御菓子司 ささや

北海道苫前郡羽幌町南3条2丁目
バス停本社通り
0164-62-2360
9時〜18時（冬期〜17時）
休）月曜、元日

羽の右から左
全長９cm

— monaka no.062 —

丹頂の鶴®
あ　け

●つぶあん餅入り
¥160円（税別）
HPより問い合わせ

阿寒町は絶滅危惧種に指定されている丹頂鶴で有名な土地。鶴の人口給餌発祥の地としても知られているが、もっと多くの人に知ってもらいたいとの思いからこのもなかを作った。

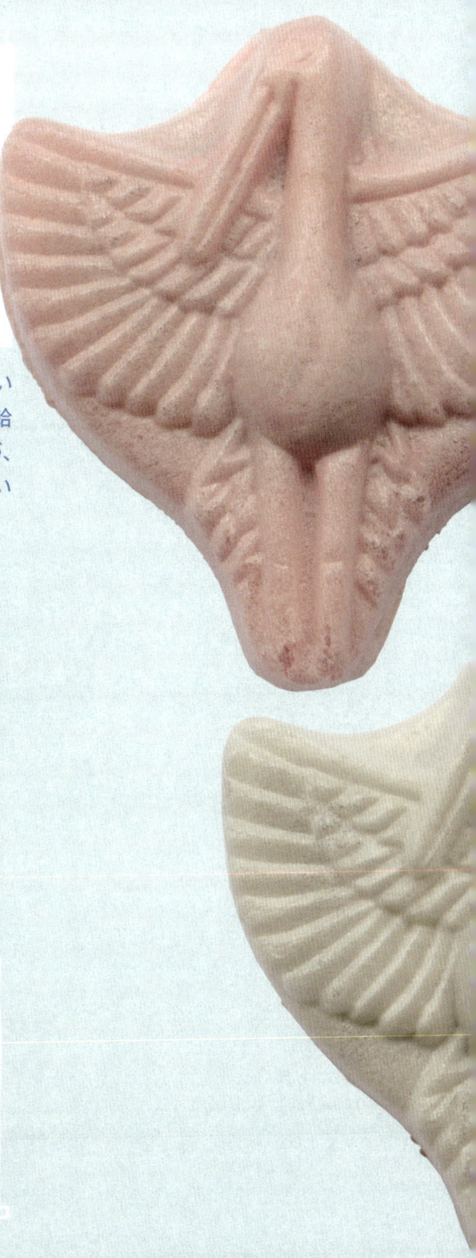

存在感たっぷりの大きさ！ほんとデカイ。「あけのつる」という名前、読めなかった〜。名づけの親は阿寒神社の当時の宮司さんなんだって。

菓子処 松屋

北海道釧路市阿寒町中央4-3-1
0154-66-3947
8時〜19時（日・祝日〜18時）
休）元日
http://www.matsuya-kushiro.com

monaka no.063

池ぶくろうもなか®

●つぶあん求肥入り
¥190円（税込）
オンラインショップあり

池袋には名前にちなんで街中にふくろうの銅像がたくさんあって、17～18年前頃に、もなかも土地柄にちなんで作った。

頭から下まで
全長7.5cm

パッケージのフクロウは、店主の息子さんが描いたモノらしいけど、これもカワイイよね。

池袋 三原堂

東京都豊島区西池袋1-20-4
03-3971-2070
10時～19時
休）元日から3日
http://www.ik-miharado.shop-site.jp

monaka no. 064

門前鳩合せ最中®

●白あん4色豆入り
¥お手作り7組セット1296円（税込）
オンラインショップあり

口ばしから尾まで
全長 5 cm

善光寺の門前に戯れる鳩をかたどって作った。

品があって、とっても可愛い（*´艸｀）

九九や旬粋
くく　しゅんすい

長野県長野市元善町486
善光寺仲見世通り
026-235-5557
8時～18時 ※季節により変動あり
休）なし
http://www.syunsui.com

—— monaka no. 065 ——

鵜のとり

●しろあん
¥100円（税込）
電話にて問い合わせ

古くから伝わる筑後川の「鵜飼い」の鵜をモチーフに。

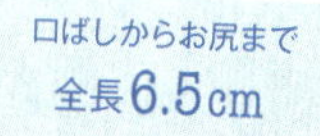
口ばしからお尻まで
全長6.5cm

福岡県で最後に見つけたもなか！見落さなくてよかったわ～。

御菓子司 花房屋（はなぶさや）

福岡県朝倉市甘木1043-4
0946-22-2603
8時30分～18時30分
休）火曜

monaka no.066

ふくらすずめ最中®

●つぶあん
¥189円（税込）
オンラインショップあり

60年ほど前に、「鳥栖」にちなんで身近な鳥ということで、すずめを選んでもなかに。

頭からお尻まで
全長5.5cm

ミニサイズの「子すずめ最中」108円（税込）もあるよ。

水田屋 本店

佐賀県鳥栖市本町1-970
0942-82-2071
9時〜18時
休）なし
http://www.mizutaya.com

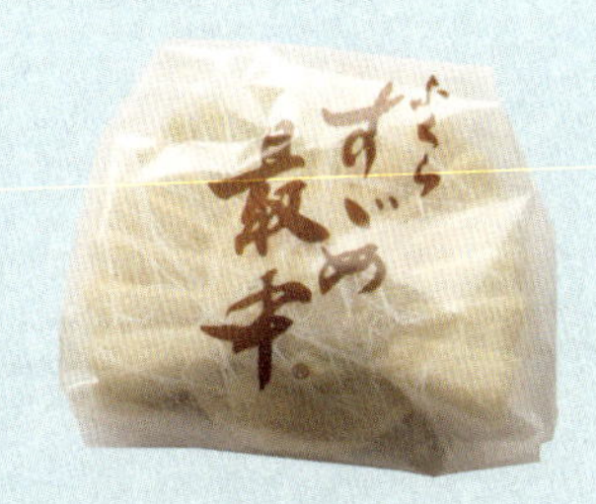

monaka no.067

白鳥最中

●つぶあん
¥113円(税込)
電話にて問い合わせ

昔、大分県湯布院にある金鱗湖近くで売られていた時に、白鳥をモチーフにしたもなかを作っていた。その頃の名残で。

別のもなか目当てでお店に入って、衝撃の出会いだった白鳥もなか！

お菓子の家 えいらく

大分県玖珠郡玖珠町塚脇317-1
0973-72-0211
9時～19時30分
休）日曜、第3月曜
http://eiraku.net

monaka no. 068

かえる最中

●つぶあん求肥入り
¥140円（税込）
店頭販売のみ

外出先から「無事にカエル」という願いをこめて。

右膝から左膝
全長7.5cm

可愛さ溢れるカエル
（*´艸`）

稲嘉屋
いなきや

北海道室蘭市日の出町3-4-1
0143-43-1956
10時～17時
休）日曜

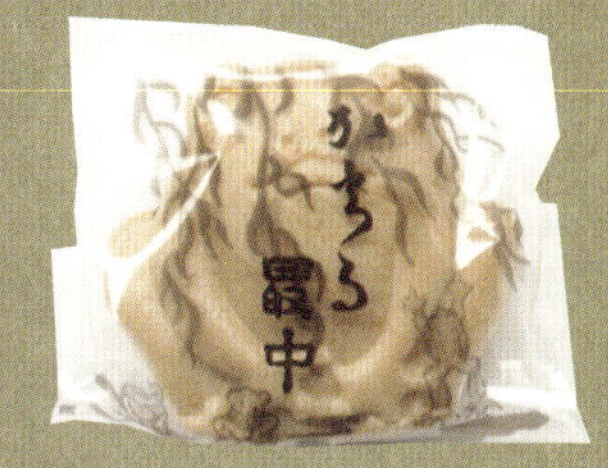

monaka no.069

まゆ最中

●小倉（こがし）、黒糖（紫）、胡麻（薄紅）、柚子（薄緑）、白つぶし（白）の5種類　¥10個入ギフトボックス彩（5種各2個）1188円（税込）
オンラインショップあり

昭和25年の創業時、日本は敗戦後の苦しい時代に、戦前の特産物であった絹に復興の願いを込めて、まゆの形になった。

全5種類、どれも淡い優しい色合いがステキ。

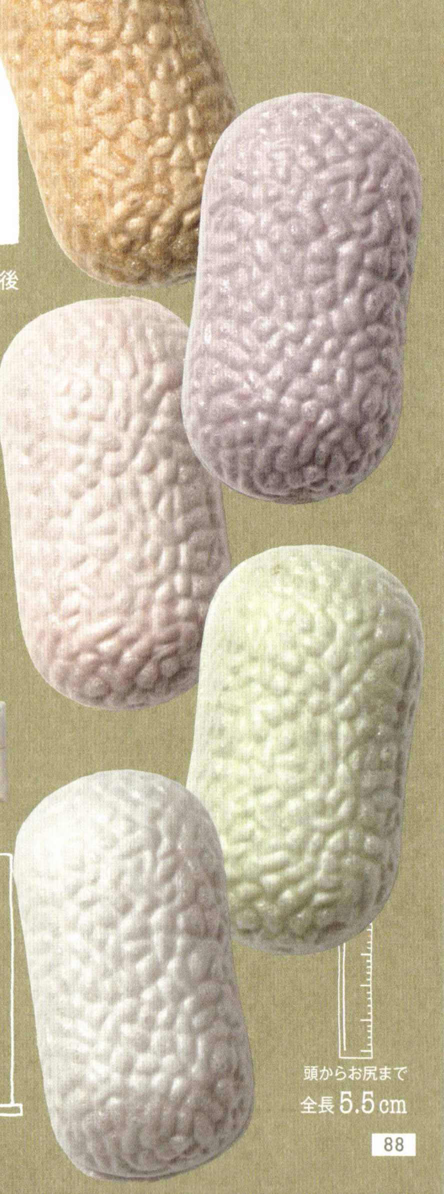

蜂の家（はちや） 自由が丘本店
東京都目黒区自由が丘2-10-6
0120-808-703（本社お客様係）
9時30分〜20時
休）なし
http://hachinoya.co.jp

頭からお尻まで
全長5.5cm

monaka no.070

天野川螢

●つぶあんと求肥入り
¥150円（税別）
電話にて問い合わせ

天野川螢は、昭和27年特別天然記念物に指定。地元だけでなく、遠い地域の人々にも親しまれ、その美しさは今も変わらぬ郷土の風物詩となっている。

ゲンジボタルの群生地、画像でしか見たことないけど、すごくキレイ。

上から下まで
全長 7 cm

菓子処 じょうきや

滋賀県米原市長岡1180-3
0749-55-0038
8時～18時
休）火曜
http://kasidokoro-jyoukiya.com

monaka no. 071

ひよ子ピヨピヨもなか

●小豆あん、抹茶あんの2種類
¥162円、6個入1080円（税込）
※オンラインショップは6個入より
オンラインショップあり

ひよ子本舗吉野堂なので、ひよ子……とのこと。

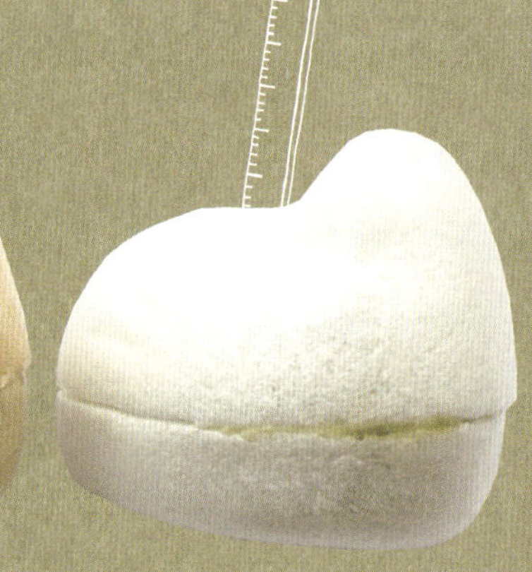

デスよね (-_-;)。

ひよ子本舗吉野堂

福岡県福岡市南区向野1-16-13
092-541-8211（本社・事業所）
営業時間はテナントによる
休）なし
http://www.hiyoko.co.jp

あなたの知らないもなかの世界

あんこのはなし

取材をしていると、餡の種類の多さに驚かされる。一番スタンダードなものは、やはり小豆を使った餡で、粒あん・こしあん。大納言小豆の粒餡。そして白餡は豆の種類も様々で、国産の手亡豆から作ったものや、外国産の白いんげん、ベビーライマーやバタービーンズを使用しているものもある。

特に、ベビーライマーは無味無臭という性質から、抹茶を混ぜた抹茶餡などその土地の特産物や名産物を餡に練り込んで作るバラエティー豊かな餡で個性を出せるという利点も。ある意味無限大だ。

粒餡は小豆を各店で炊く自家製手作り餡も多いのだけど、作業工程が大変なこし餡や生餡（砂糖を入れる前の状態のもの）は、製餡業者に頼むことが多いのだそう。

福岡共同製餡株式会社で、福岡和菓子協同組合理事長の松尾福雄さんと福岡共同製餡株式会社常務取締役の松尾友寛さんにお話を伺って、工場内も見学させてもらった。残念ながらその日の作業は終了していたんだけど、松尾さんが巨大な機械を一つひとつ回りながら、豆から生餡になる工程を説明してくれた。

まず、洗った豆を水に浸ける。小豆は浸けなくても大丈夫らしいのだが、白いんげんなどは、最低でも4時間ほど。その後、煮炊きしてすりつぶし、水洗分別。ここで豆の皮とでんぷんに分けるのだが、このでんぷんの部分がこし餡となる。この最後の工程を2~3回繰り返した後、脱水して、冷蔵。この状態で出荷される。これは、純粋に豆のでんぷんのみ凝縮した状態なので全く甘みはない。これに各店独自の配合で糖類を加えて練り上げていくらしい。なるほどなるほど。

あなたの知らないもなかの世界

もなか種屋さんで工場見学

変わり種もなかを探して彷徨う日々、もなか検索すると出てくるもなか種屋がある。ウチからそんなに遠くもないし、様子を見に行ってみようと店の入り口の隙間から覗き見。怪しさ全開である。

気づいたお店の方に、カクカクシカジカ説明すると、突然の訪問にも関わらず、快く招き入れてくれた。「ウエルカム！ウエルカムですよ」と。ならば、突撃取材だ！

覗き見している間もすでに漂ってきていた香ばしい香り。中に入ると一段と香ばしさが増す。最中種（もなかだね）と言われて、もなかの皮とわかる人はどのくらいいるのだろうか。種っていうくらいだから、もなかの中身を連想するのが普通ではなかろうか？そんなわけで自分の無知にびっくり、あんこ入りのもなかは販売しておらず、さっきから鼻腔を刺激し続けるモノの正体がジャンジャン焼かれているではないか。そう、もなかの皮の工場だ。もなかを買いに来たつもりだったのだが、思いもよらぬ工場見学に気分は舞い上がりっぱなしとなった。丁寧に案内説明してくださったのは、創業50年の有限会社種一商店二代目代表取締役菖蒲田（しょうぶだ）靖（やすし）さん。かなり気さくな方である。

そもそも、もなかの皮＝可愛い形に焼いた麩と思っていた私。……無知だ。最中種は餅、麩は小麦粉に含まれるグルテンが主原料ということを初めて知ったのであります。

まず、ペロンとした白いお餅を金型に入れて金型を閉じる。次に金型を開くと熱々の最中種が焼き上がっている。機械で量産しているのかと思いきや一枚一枚手焼きされているのだ。焼かれる前の白いモノがもなかの素か。と思っていると、社長が素を手渡してきたので、興味津々食べてみる。うん、餅だね。砂糖などが使われていないため、正月に食べる餅に比べると甘みはない。餅米自体に含まれる糖質まで感じ取れる繊細な舌は持ち合わせていないから仕方ないが、あんことペアで食べるわけだし、皮に余計な甘みはいらないのだろう。

1日に作る最中種の量は3万～5万個。材料のもち米は120～150キロとのこと。そう言われても多すぎてピンとこないのだけど。金型は現在300種類ほどあるそうで、ここで焼かれたもなか種が日本各地に配達されているのだ。

種一商店のもなか種は、もち米生産地全国1位を誇る佐賀県産の「ひよくもち米」100%。佐賀県産の「ひよくもち」は、甘みと粘りが自慢の逸品で、プロの間では、もち米といえば「ヒヨクマイ」といわれるくらい有名なもち米だそう。長崎の銘水を取り寄せ、添加物をいっさい使わないというこだわりで作られている。

もち米からもなか種になるまでの工程は、思いのほか手間と時間を要する。まず30分ほどもち米を水に浸し、その後自然乾燥。製粉機を使って製粉したのち、丸1日冷蔵庫へ。休ませたモノを蒸して餅に。それを畳1帖ほどの大きさに伸ばし。短冊状に切ります。おおよそ2日ほどかかる工程を経て最中種の素（短冊状のお餅）を作り、それを小さく切ったモノを金型に入れて焼き上げていく。製粉機を使って粉砕する時は、細かくするほど歯ごたえが少なく、荒くすればパリッとした歯ごたえのある仕上がりになるのだそう。

もなかは、とにかく湿気に弱いということで、工場内は常に乾燥させてあり、香ばしい熱風に包まれているのだが、意外にも賞味期限は長く、あんこを詰める前の状態で、大敵の湿気から守ってあげれば半年はもつとのこと。ちなみに、水分の多いモノを詰めたり、アイスクリーム用のもなかは工程が違うらしい。

最近は若い方たちからの問い合わせも増え、パーティーのような場でロシアンルーレットならぬロシアンもなかをしてみたり、料理屋さんで器に使ったりと、本来のあんこを詰めたもなか以外の用途も増えてきているらしい。水分に弱いという点を注意すれば、使い方次第で豊富なバリエーションが楽しめるのではないだろうか。

工場見学を終えて、帰り際に社長が焼きたての最中種に、あんこを詰めてお土産までくれた。焼きたての最中種を食べる機会なんてめったにない。これは、車に戻ったら即食べねば！と、熱々のもなかをパクリ。バリっという触感と衝撃の香ばしさ！もなかの皮ってこんなに味が濃いかったっけ？というくらいの自己主張。お世辞なんてなしで、こんなもなかは今まで一度も食べたことないし、もちろんこれからも焼きたての皮に出会わない限りないといえる。しょっぱなでこんなに旨いもなか食べさせられたら、困るわ〜。

最後にこだわりを尋ねたところ、「ホントはね、綺麗に焼けたモノより、少し焼きムラがあるようなのが僕は好きなんだよ。ブサ可愛いヤツが」と笑いながら答えてくれた。

高級最中種製造　種一商店

福岡県春日市昇町4-18
092-591-5782
http://www.taneichi-monaka.com

② 食べ物・飲み物

ご飯もの
野菜
果物
ナッツ
飲み物
甘味

monaka no. 072

昆布もなか®

●こんぶが練り込まれている白いんげんあん
¥120円(税込)
オンラインショップあり

米俵型で昭和28年義宮殿下が本道御巡啓の際に奉納。

昆布の形だと思い込んでました。米俵だったのね。

長い辺
全長7.5cm

昆布最中本舗 七福堂

北海道茅部郡森町字清澄町24-5
01374-2-2336
9時〜17時
休)日曜
http://konbumonaka.com

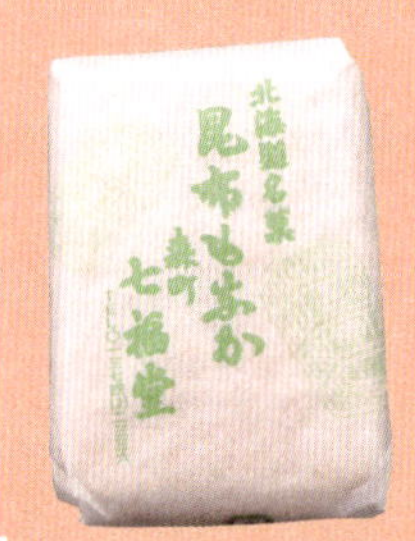

monaka no.073

あんトースト最中®

●つぶあん、つぶあんバターの2種類 ¥トースト型の厚焼き最中皮（プレーン3枚・抹茶3枚）の6枚セット1201円（税込）
電話にて問い合わせ

ホントに可愛くって、おしゃれで、人に教えたくなるもなか。

喫茶店文化が根強い名古屋という土地にちなんで。

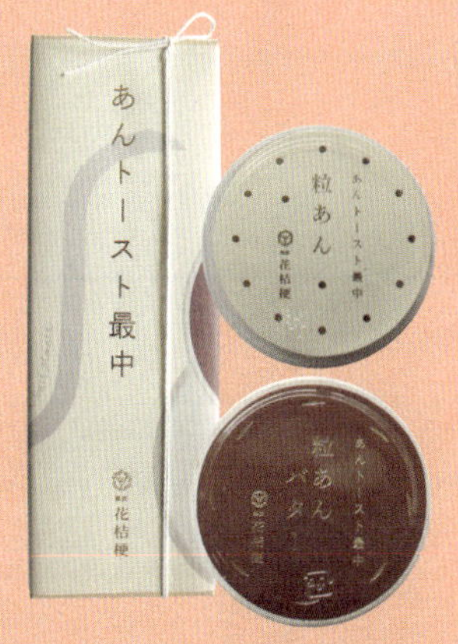

上から下まで
全長6cm

菓匠 花桔梗（はなききょう） 本店

愛知県名古屋市瑞穂区汐路町1-20
052-841-1150
10時〜19時
休）元日
http://hanakikyo.com

monaka no. 074

そうめん最中

●つぶあん、抹茶の2種類
¥2本セット216円(税込)
オンラインショップあり

面白い！食べ物を食べ物で表す発想がすばらしい(゜Д゜)

たつの市は全国でも有名なそうめん揖保乃糸があり、もっとたくさんの方に知ってもらおうとそうめんをモチーフにしたもなかを作った。

麺の長さ
全長 9 cm

大黒屋丹治
だいこくやたんじ

兵庫県たつの市新宮町觜崎331-1
0791-75-2118
8時〜18時
休)水曜
http://www.tatsuno-daikokuya.co.jp

monaka no.075

しいたけ最中

●白あんに椎茸の甘煮入り
¥130円（税込）
電話にて問い合わせ

本物そっくり！傘の裏のひだも細かい！

創業100年、初代がお店を始めた頃、近くに椎茸栽培所があったことから。

長い方の辺
全長6.5cm

松月堂

北海道中川郡本別町北3-3-7
0156-22-2560
9時〜19時
休）日曜、不定休あり
Facebookあり

monaka no.076

おおだて えだまめモナカ

●枝豆あん
¥130円（税込）
オンラインショップあり

秋田県は枝豆出荷量日本一。大館市の枝豆を日本全国に広げていこうと、大館市の倶楽部スイーツで共同開発し、2016年7月頃から新商品として販売を始めた。

やさしい枝豆の色と形が可愛いね。

山田桂月堂

秋田県大館市御成町1-10-14
0186-42-0236
8時～19時
休）第3月曜
http://shop.yamadakeigetudo.com

monaka no. 077

れんこん最中

●つぶあん餅入り、こしあん栗入り、ごまあんの3種類
¥140円（税込）
オンラインショップあり

日本一の生産量を誇る土浦産の蓮根をモチーフに。

大きさといい、色味といい、もう蓮根だね。

直径 6 cm

創作和菓子 すぎやま

茨城県土浦市川口1-5-8
029-821-0677
9時〜18時
休）水曜
http://www.sugiyama-wagashi.jp

monaka no.078

金山松茸最中®

●つぶあん
¥130円（税込）
電話にて問い合わせ

かなりリアルに松茸！
130円だけど、高そう
に見えてしまう。

戦国時代に城があった金山には赤松が多く、昔は松茸が豊富で、徳川家に献上。その後天皇家にも献上されていたことから、松茸のもなかを作った。

上から下まで
全長 7 cm

金山
松茸
最中

元祖呑龍山田屋本店

群馬県太田市金山町13-1
0276-22-3557
9時30分～17時30分
（売り切れ仕舞い）
休）月曜　※月により変動あり
http://www.donryu-yamadaya.com

—— monaka no.079 ——

寺島なす最中
なすがまま

●つぶあんになすの甘露煮入り
¥3個入り300円（税込）
電話にて問い合わせ

江戸時代に千住葱や亀戸大根などに並ぶ江戸野菜とされる寺島茄子。戦後焼野原となり生産が途絶えていたが、7～8年前に復活させ、それにちなんだお菓子をという思いから。

上から下まで
全長5.5cm

菓子遍路 一哲

東京都墨田区東向島4-29-6
03-6657-2962
9時～18時
休）水曜
http://blog.goo.ne.jp/ittetsu2009

茄子の甘露煮入りって、
面白い（*´艸`）

monaka no.080

練馬大根最中

●大納言つぶしあん、白あんの2種類

¥120円（税込）

電話にて問い合わせ

お客様からの要望で、練馬にちなんだお土産をと言われて考案した。夏場以外は練馬大根を混ぜた白あんのもなかも登場。

練馬といえば、そうでしょう練馬大根でしょう (^^ ♪

上から下まで
全長8.5cm

練馬大根最中本舗 栄泉

東京都練馬区大泉学園町1-12-2
03-3924-8499
8時～19時30分
（日・祝日～18時30分）
休）火曜

monaka no. 081

とれたてもなか®

●つぶしあん（茄子）、かぼちゃあん（南瓜）、白あんえんどう豆入り（えんどう豆）の3種類

¥100円（税込）

電話にて問い合わせ

ほんとに可愛いもなか。えんどう豆の丸い所にはちゃんとお豆が入ってるよ！

長い方の辺
全長 4 cm

パルコ店開店にあわせて、自然のもの、大地のものというテーマで開発したもの。

長い方の辺
全長 6 cm

長い方の辺
全長 8 cm

調布の和菓子 松月堂

東京都調布市小島町1-34-8
042-485-2266
9時～17時
休）日曜

monaka no.082

山そだち

●白あんに生わさびペースト入り
¥160円(税込)
電話にて問い合わせ

小山町で育ったわさびを使って、60年前から作り続けているわさびもなか。

今でこそわさび味のものが増えてるけど、当時は斬新だったよねきっと。

長い方の辺
全長10cm

丸中わさび店

静岡県駿東郡小山町小山69-2
0550-76-0753
9時～18時
休)水曜

monaka no.083

竹の子最中

●大納言、京ゆず、白あずきの3種類 すべて竹の子入り
¥160円（税込）
オンラインショップあり

上に伸びるということから、縁起物とされている特産竹の子を使った京野菜スイーツ。

上から下まで
全長6.5cm

厚みのある立体感！

菓子処 喜久春

京都府長岡京市長岡2-28-40
075-955-8016
9時～19時
休）木曜
http://www.kikuharu.com

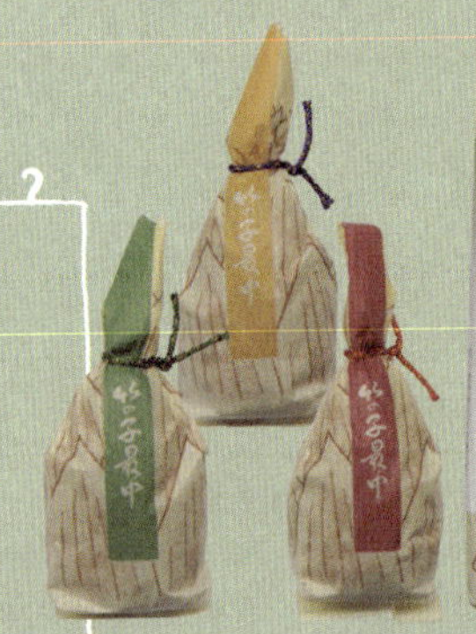

monaka no. 084

蕪村もなか

●つぶあん求肥包み
¥150円(税別)
オンラインショップあり

都島に生まれた江戸時代の俳人与謝蕪村にちなんだもなか。

蕪村の蕪で、かぶの形ねっ。

上から下まで
全長5.5cm

和菓子の冨久屋

ふくや

大阪府大阪市都島区高倉町1-7-1
06-6927-3115
9時〜19時(日・祝日〜18時)
休)不定
http://www.wagashi.org/fukuya/

monaka no.085

キヌサヤ最中

●手亡あんにウグイス豆入り
¥100円、10個箱入り1130円、15個箱入り1650円（税込）
電話にて問い合わせ

昭和47年に鹿児島県で開催された太陽国体で、垂水市はウェイトリフティングの会場となった。そこで、垂水市名産のキヌサヤを使ってお土産を作ろうとしたのが始まり。

薄く緑色に色づけられた白あんにお豆入りで中身までステキ。

右から左まで
全長9cm

内田菓子店

鹿児島県垂水市海潟14
0994-32-0524
8時30分～18時くらい
休）元日、不定休あり
http://uchidaseikashi.blog.jp

monaka no.086

バナナ最中

●白あん
¥140円（税込）
オンラインショップあり

昔はバナナが高級品とされていたから。

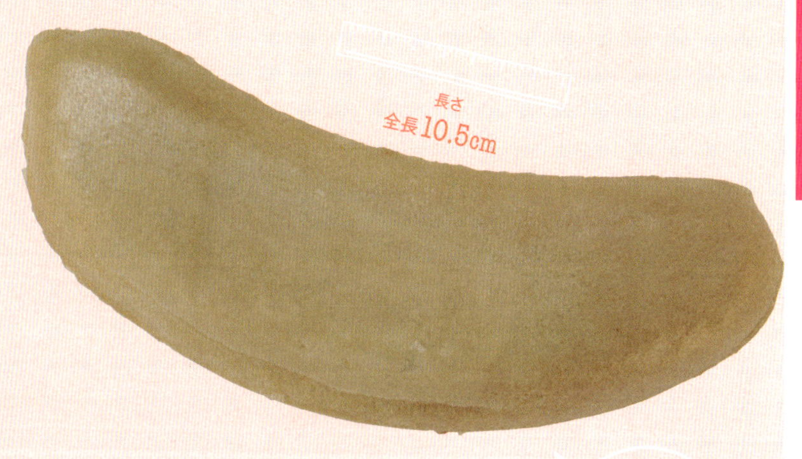

長さ
全長10.5cm

袋を開けた瞬間にバナナの風味が（*´艸`）

かさい製菓

青森県弘前市大字取上1-4-14
0172-36-0511
9時～17時
休）日曜
http://kasai-seika.co.jp

monaka no.087

果宝珠

かほうじゅ

●つぶあん、りんごあんの2種類
¥200円（税別）
オンラインショップあり

青森のりんごを生かしたものをと。形だけではなく、あんこ玉もりんごあん。

小さくて可愛い真ん丸りんごの形。

二階堂

青森県青森市本町1-6-11
017-776-5863
10時～18時
休）なし
http://nikaidou.jp

monaka no.088

ORAGENO PEACH MONAKA

●桃あん、マスカルポーネチーズあんの2種類
¥5組とあん2種入り1512円(税込)
オンラインショップあり

大野農園のフルーツをもっと多くの方に食べていただきたい。果実の可能性をもっと広げたいという思いから、果物を使用したお菓子づくりを始めた。その第1弾がPEACH MONAKA。

上から下まで
全長5.8cm

桃の形もかわいけりゃ、瓶詰めのあんも可愛すぎます。リンゴバージョンもあるよ。

大野農園

福島県石川郡石川町
大字赤羽字新宿130番地
0247-57-6004
お問合せ時間 9時〜17時
休)年末年始
http://oononouen.com

— monaka no.089 —

ぴーなっつ最中

●ピーナッツの甘煮入りあん
¥100円（税別）
オンラインショップあり

遊び心もたっぷりだね（^^♪）

縦の長さ 8 cm

ピーナッツ産地全国一の千葉県を代表するお土産を目指し、風味と食感、見た目にもこだわり、美味しくカワイイもなかを作った。パッケージに描かれた「ぴーちゃん」は、幸せのクローバーを持っていることも！？

なごみの米屋 總本店

千葉県成田市上町500番地
0476-22-1661
8時～18時（元日0時～）
休）なし
http://www.nagomi-yoneya.co.jp/

monaka no.090

禅寺丸最中®

●つぶあん、白手亡あんの2種類
¥162円(税込)
電話にて問い合わせ

北原白秋も詠んだ禅寺丸柿にみたてて作った。

すご～くリアルな柿の形!

禅寺丸本舗 本店

ぜんじまる

神奈川県川崎市麻生区
上麻生6-39-33
044-989-2291
9時～18時
休)なし

monaka no. 091

くれは梨もなか®

●大納言、白あん梨の実入りの2種類
¥98円（税込）
オンラインショップあり

直径4.8cm

富山県呉羽町は梨が特産物。旬な果物を一年中美味しく食べられないかという思いで作った。

コロンとした小さな梨、かわいいね（#^^#）

梨の菓 瀧味堂

富山県富山市呉羽丸富町7187-41
076-436-6809
8時〜19時 ※季節により異なる
休）水曜
http://takimido.co.jp

monaka no.092

柚子もなか

●柚子の白あん
¥162円（税込）
オンラインショップあり

直径 6 cm

柚子を使ったもなかを。

ありそうで、あまりない。柚子の形がはっきりした柚子もなか。
（ *´艸` ）

柚餅子総本家 中浦屋
わいち本店

石川県輪島市河井町
　わいち4部97番地
0768-22-0131
8時〜18時
休）元日
http://yubeshi.jp

食べ物・飲み物／果物・ナッツ

monaka no.093

ぶどう最中

●こしあん(レーズン入り)
¥130円(税込)
電話にて問い合わせ

山梨県の特産品といえばぶどう。他では作ってないものをと思って。

レーズン入りって珍しいよね。

右から左まで
全長5.5cm

ぶどう最中

竹屋あさかわ

山梨県甲府市幸町9-25
055-235-2288
9時〜18時(祝日〜17時)
休)第2・4水曜
http://takeya-asakawa.com

monaka no.094

パリパリメロン最中

●白あんにメロン果汁入り
¥162円(税込)
オンラインショップあり

下賀茂は、大正時代から下賀茂温泉の熱でメロンを栽培しており、祖父の時代からメロン最中を作っていた。

パリパリメロン最中、別添付のあんこの袋を開けた途端にメロンの香りがすごいんです！

直径 6 cm

扇屋製菓 本店

静岡県賀茂郡南伊豆町
　下賀茂168-1
0558-62-0061
9時～17時
休)水曜、不定休あり

monaka no.095

まん栗(ぐり)

●つぶあんに一粒栗入り
¥255円(税込)
オンラインショップあり

朝倉の方言で、段取り良く順調に物事が進みますようにということを「まんぐりよくいきますように」ということから名付けて栗の形にした。

インパクトあり過ぎる名前!

頭からお尻まで
全長 6 cm

阿さひ飴本舗 菓蔵家(かぐらや)

福岡県朝倉市頓田1-2
0946-22-3945
8時40分〜19時
休)火曜(月1回)、元日、不定休あり

monaka no. 096

びわもなか

長崎に住んでたから
びわは小さい頃から
大好き。

●白あんにびわペーストをミックス
¥162円(税込)
オンラインショップあり

長崎は日本一のびわの生産地で茂木びわにこだわったお菓子を作っている。

縦の長さ 5.5cm

茂木一〇香本家

長崎県長崎市茂木町1805
0120-49-1052
9時〜17時
休)日曜
http://www.mogi105.com

食べ物・飲み物/果物・ナッツ

monaka no.097

くるみ最中

●つぶあんくるみ入り
¥180円(税抜)
オンラインショップあり

かわいいから！このヒトコト。

間違いないデス。可愛いです。

中津菓子かねい

大分県中津市上宮永71-12
0979-22-0815
8時～17時
休)日曜、第4月曜(12月は営業)
http://nakatsukanei.com

国東半島代表銘菓
こまち
みかん

monaka no.098

こまちみかん

●みかんあん
¥648円（税込）
電話にて問い合わせ

昭和42年頃、初代社長の時代に、国東のみかんをイメージしたお菓子をと考案された。

アイデアが抜群にイイね。手が込んだ素敵なもなか。

一房の横の長さ
5.5cm

たまや菓舗

大分県国東市安岐町馬場1158
0978-67-1948
8時〜19時
休）日・祝日

monaka no.099

北海道みるくもなか

●白あんに練乳入り
¥172円（税込）
オンラインショップあり

酪農王国北海道の牧場で乳搾りに使用する搾乳缶をモチーフに。

北海道らしい。ミルク缶、可愛いね。

上から下まで
全長7.5cm

わかさや本舗

北海道札幌市西区
宮の沢1条3-12-7
011-666-1631
10時〜16時　休）土・日・祝日
http://www.wakasayahonpo.com

monaka no. 100

金澤お手作り珈琲最中

●つぶあん、白あんの2種類
¥4個セット1620円(税込)
オンラインショップあり

珈琲屋さんならではのもなか。形もとってもカワイイ（*´艸`）

コーヒー豆を微粉にし、ふんだんに練り込んだコーヒー豆の形のもなか種。コーヒーの味わいと風味を楽しめる。自分で餡を詰めていただくタイプのため、パリパリ食感が楽しめる。

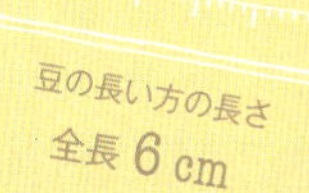

豆の長い方の長さ
全長 6 cm

ダートコーヒー 本社

石川県金沢市松島1-35
076-261-1234
8時30分～18時30分
休)土・日・祝日
http://www.dartcoffee.co.jp

monaka no. 101

TABERU COFFEE 珈琲最中

●白小豆とマスカルポーネ
¥300円(税込)
オンラインショップあり

いせや本店オリジナルブランド「TABERU COFFEE」にふさわしく、もなか種（皮）にもこだわり厳選された珈琲豆を使用。

見た目も中身も、新しいね！

上から下まで
全長6.5cm

食べ物・飲み物／飲み物・甘味

いせや本店

静岡県沼津市幸町2番地
055-962-0222
9時～17時
休）水曜、元日
http://iseya-honten.jp

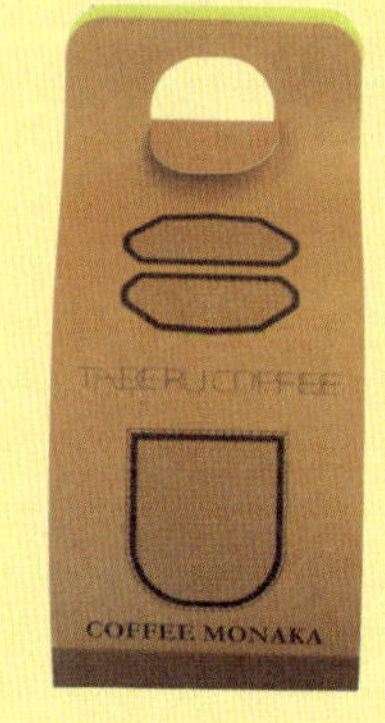

monaka no. 102

たい焼き最中

●チョコ、ミルク、抹茶、いちごの4種類
¥1個売りから3個セットまで、店舗により料金は異なる
販売店ごとに問い合わせ

立ち寄ったお店でたまたま見つけたカワイイ逸品。いろんな所で売られているみたい。

京都の「和」と神戸の「洋」を取り入れた和洋折衷のお菓子を作りたかった。大阪に来られた方々に「めでたい気持ち」を持って帰っていただきたいと。
（※抹茶といちごは期間限定。小売り販売はなし）

銀扇
ぎん せん

大阪府門真市三ツ島6-11-1
（事務所）
072-887-7913
※営業時間、店休日は販売店により異なる
http://www.osaka-ginsen.jp

monaka no. 103

焼酎もなか

●白あん焼酎入り、黒糖黒あん、黒と白の2色あん詰め合わせの3種類
¥5本入り350円（税込）
電話にて問い合わせ

ビンの高さ
8.5cm

50年ほど作り続けている焼酎もなか。人吉には酒蔵が多く焼酎の町。

聞くところによれば、このパッケージものすごい種類があるらしい。

寅家

熊本県人吉市願成寺町1411-5
0966-23-2432
8時30分～17時30分
休）土・日曜

③
自然
植物
山

花びらの形のもなか、珍しいね。5個セットでちょうど桜の花になるよ。

— monaka no. 104 —

最中 播磨坂®

●あずきあん（こがし）、チェリーあん（ピンク）の2種類
¥160円、5個セット1000円（税別）
オンラインショップあり

店を構える茗荷谷には、約130本の桜が咲く桜の名所播磨坂があるため、その桜にちなんで。

茗荷谷 三原堂

東京都文京区小石川5-3-7
03-3814-3944
10時〜18時
休）日曜
http://www.hongo-miharado.co.jp

monaka no. 105

薔薇もなか

●こしあん
¥200円（税別）
電話にて問い合わせ

広尾に店を開業した際、外国人が多い土地柄から、外国の方にもわかりやすく、華やかなバラの花をモチーフに。

強いこだわりがうかがえるバラの形のもなか。表と裏で色もちがうよ。

果匠 正庵

東京都渋谷区広尾1-9-20
03-3441-1822
10時〜19時
（日・祝日10時30分〜17時）
休）元日

monaka no. 106

笹りんどう最中

●つぶあん
¥170円(税別)
電話にて問い合わせ

白旗神社参拝した後の
お土産に最適ですね。

向かいにある白旗神社の御
社紋を使っている。

上から下まで
全長 7 cm

古美根菓子舗
こみね

神奈川県藤沢市藤沢3-6-37-101
0466-22-3929
9時30分～17時
休)水曜

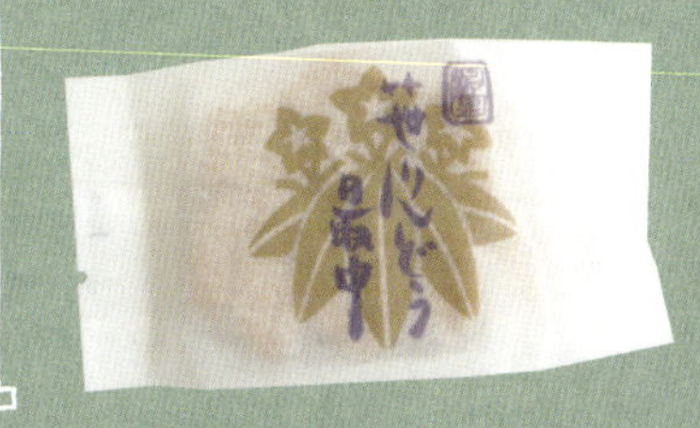

自然／植物

monaka no. 107

三色チューリップ

●つぶあん、こしあん、栗あんの3種類
¥大180円、小140円(税込)
電話にて問い合わせ

砺波市はチューリップの球根の生産が盛んなことから、チューリップの花に見立てた立体的なチューリップもなかを作った。
大こがし・大ピンクはつぶあんとこしあんの２種あん入り、大白はつぶあんと栗あんの２種あん入り、小こがしはつぶあん、ピンクはこしあん、白は栗あんとなっている。

お花のもなかで立体的なのは珍しいね！

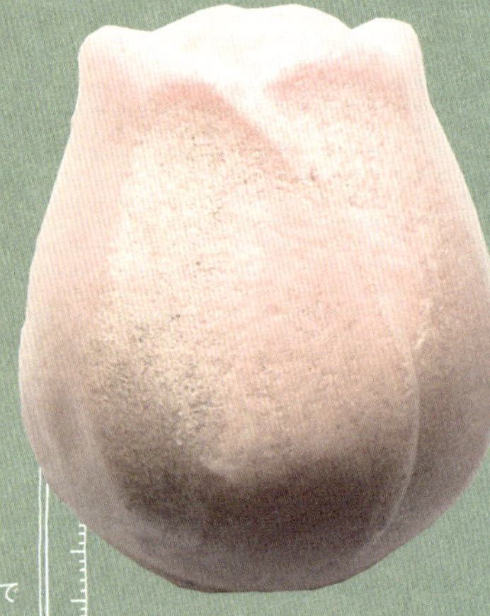

河合菓子舗

富山県砺波市本町2-30
0763-32-2459
7時30分～19時30分
休)なし
http://kawaikashiho.sakura.ne.jp

monaka no. 108

長寿
椋の樹もなか

●つぶあん
¥150円（税別）
電話にて問い合わせ

高さ 7 cm

椋本にある樹齢 1500 年ともいわれる「霊樹大椋」とよばれる椋の木の巨木にちなんで、長寿を願い椋の木のもなかを考案。

起源後の西暦 500 年代から生きてることに！長寿間違いない！

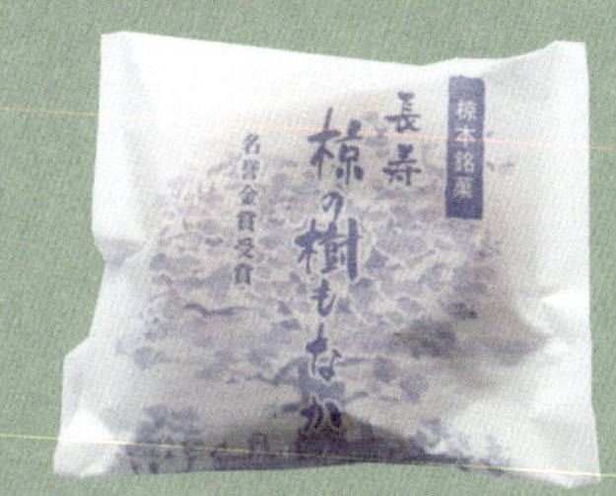

巴屋製菓舗

三重県津市芸濃町椋本712-1
059-265-2010
9時～19時
休）月曜

monaka no. 109

福うめ最中

●手亡豆の白あんに金時豆入り
¥180円（税別）
電話にて問い合わせ

昭和28年、太宰府天満宮の梅にちなんで、福うめ最中が誕生しました。

福岡の県花である梅。「福うめ」を名乗れるのは、福岡県内ではここだけだとか。

花月堂寿永

福岡県福岡市中央区春吉2-7-20
092-761-0278
10時～19時
休）日・祝日
http://kagetsudo-jyuei.jp

monaka no. 110

ときわ最中

●つぶあん
¥130円(税込)
電話にて問い合わせ

松の葉は縁起の良いもの
とされているので。

松をどこから見た形？
真下からかな。

直径6.5cm

元祖鶏卵素麺
松屋 橋本店

福岡県福岡市西区橋本2-1-4
092-812-6141
9時30分～18時
休）元日
http://matsuya.fukuoka.jp

monaka no. 111

伝統最中 まつぼっくり

●つぶあん
¥120円（税込）
店頭販売のみ

「松うら」の名前にちなんだものをと。

まるっこくてボリュームあるよ。

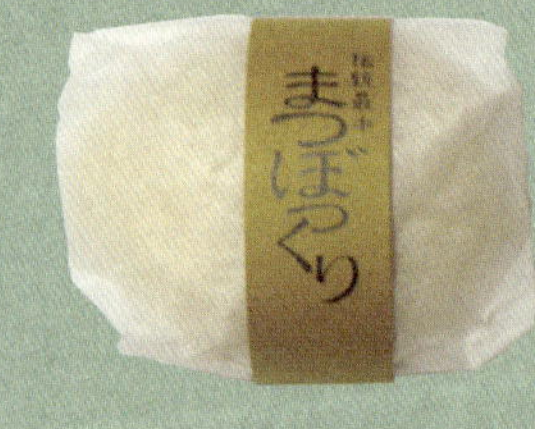

頭からお尻まで
全長6.5cm

和菓子 松うら

福岡県春日市春日原東町2-6
092-572-0772
9時～19時
休）不定

monaka no. 112

茶もなか

●抹茶・緑茶あん
¥5個入り470円（税込）～
電話にて問い合わせ

葉っぱの形、ありそうでないんだよね。

祖父の時代に、世知原町の特産のお茶でもなかを作ろうと。

葉先から茎まで
全長 8 cm

冨重製菓

長崎県佐世保市世知原町中通127
0956-76-2119
7時～19時
休）日曜

monaka no. 113

ニセコスキーもなか

●つぶあん
¥170円（税込）
オンラインショップあり

ニセコ連峰を
モチーフに。

標高
4.5cm

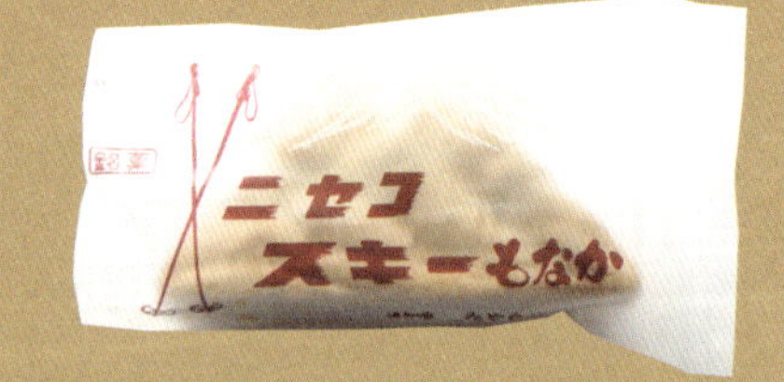

ニセコの雪は極上だ！と何かの本で読んだことある！スキーヤーにはたまらないらしい。よ～く見ると、スキー板と、ロッジまであるよ。

宮武菓子舗

北海道虻田郡倶知安町北1条西2
0136-22-0265
9時～19時（日・祝日～18時）
休）月曜
http://wagashi.miyatake-sweets.com

— monaka no. 114 —

富士山もなか

●つぶあん4袋(お手詰めもなか)
¥8組入り(こがし、白各4個)1620円(税込)
オンラインショップにて

標高
全長4.8cm

富士山の上を夫婦鶴が飛ぶ、おめでたい形のもなか。

中川政七商店 オンラインショップ

http://nakagawa-masashichi.jp

パッケージもカワイイ!

monaka no. 115

伐株山もなか

●つぶあん
¥135円（税込）
電話にて問い合わせ

標高
全長4.8cm

玖珠町を代表するものといえば、伐株山！

山の形のもなか、意外とあるもんだね。

お菓子の家 えいらく

大分県玖珠郡玖珠町塚脇317-1
0973-72-0211
9時～19時30分
休）日曜、第3月曜
（祝日の場合は営業）
http://eiraku.net

monaka no. 116

火山桜島もなか®

●つぶあん餅入り
¥200円(税込)
電話にて問い合わせ

標高
全長 5 cm

鹿児島県のシンボルである桜島が噴火する様子をもなかに。

赤いリボンがイイね。

自然／山

もなかやばあちゃん家(げ)

鹿児島県鹿児島市中央町1-1
アミュプラザ鹿児島B1
099-812-8511
10時～21時　休)なし
http://ba-change.jp

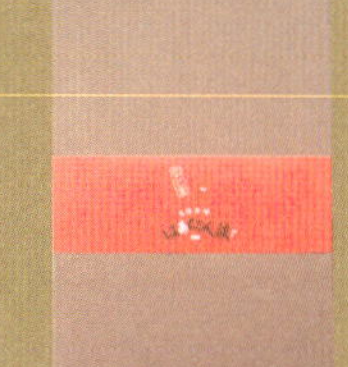

あなたの知らないもなかぼんの世界

「もなかぼん」ができるまで その1

「はじめに」で書いたように、来る日も来る日ももなかのことで頭がいっぱいの時期。一冊の本にするには何個くらい必要なのだろう。まずはリスト作りから。私このリスト作りの作業がなにせ大好き。旅行に行くにも、取材に行くにもこの作業は欠かさない。そしてリストが完成した頃には、本が完成したと思えるほどの大満足感。実際はここからが大変。

足を運べるお店にはなるべく足を運んで直接交渉。ちょっといいね！と定評のある笑顔で交渉させてもらわなくっちゃ。突然見ず知らずの者が、「もなか本作っています。そちら様のもなかを掲載させてください」なんて、怪し過ぎる。即、「結構です」とお断りされること間違いなし。でも北は北海道から南は鹿児島までとてもじゃないけど電話交渉せざるを得ない。リストを作った段階で、絶対に載せたいもなか！と熱い思いがあるわけだから、お断りされるなんてことあってはならぬ。電話を手汗でベトベトにして、歓喜したり時には心折れたり。（その2に続く……）

④ 工業系

乗りもの
部品

monaka no. 117

スバル最中

●小倉あん
¥125円（税込）
電話にて問い合わせ

富士重工保険組合（現 SUBARU）創立 10 周年記念の記念品として、昭和 36 年当時の初代店主が、作ったのが始まり。当時は「スバル 360」がモデルとなったもなか。

初代は「スバル 360」がモデルとなったもなか。その後２代目店主の時は、「レオーネ」現在３代目の御主人が作るこのもなかは「レガシー」と、代替わりをするたびにもなかも変わっているという。コアなファンにはたまらないね。

右から左
全長9.5cm

伊勢屋

群馬県太田市東本町24-23
0276-22-2858
9時〜19時
休）水曜

monaka no. 118

都電もなか®

●つぶあん
¥144円(税込)
電話にて問い合わせ

14輌以上の化粧箱は、可愛いすごろくが描かれているみたい。

都内あちこちに走っていた都電廃止に伴って、何か思い出として形に残せるものはないかと考えてできたもの。

1輌の長さ
全長 9 cm

菓匠明美(あけみ)

東京都北区堀船3-30-12
03-3919-2354
10時〜19時30分
休)月曜
http://www.todenmonaka.com

monaka no. 119

江ノ電もなか

●つぶあん、こしあん、ゆずあん、ごまあん、梅あんの5種類
¥130円(税込)
電話にて問い合わせ

110年前に江ノ電ができた当時、象徴するお菓子を作ろうと思って。

1輌の長さ
全長9cm

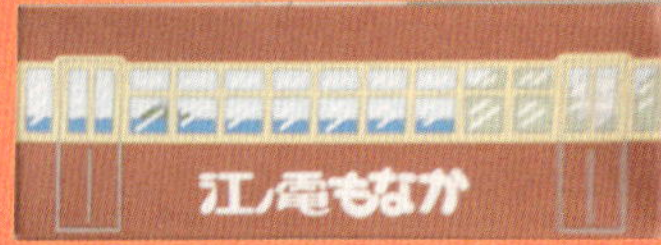

江ノ電もなか本舗 扇屋

神奈川県藤沢市片瀬海岸1-6-7
0466-22-3430
9時〜17時
※売り切れ次第終了
休)不定

扇屋さんは、天保年間に和菓子屋を始めた老舗中の老舗なのだ。

工業系/乗り物

— monaka no. 120 —

世界に誇る

富山ライトレール最中®

●つぶあん、こしあん、ごまあん、抹茶あん、くるみあん、柚子あん、しそあんの7種類　¥7車両入り1080円(税込)
電話にて問い合わせ

車輌の長さ
全長 9 cm

平成 19 年富山にライトレールが開通したのを記念して作られた。

全 7 車輌食べ比べよう。

御菓子司 清進堂

富山県富山市平吹町4-1
076-424-8430
8時～19時
休)なし
http://seishindou.co.jp

工業系／乗り物

monaka no. 121

黒もな

●つぶあん
¥190円（税込）
店頭販売のみ

黒もなは竹炭を混ぜた皮の色もめずらしいよね。他にも黒船来航最中（こがし）は栗入りで150円（税込）や、キャラメルとクルミ入りの開国キャラメル240円（税込）もある。

下田は開国の町ということで、自らデザインを考えこだわって作ったもなか。

上から下まで
全長5.5cm

ロロ黒船

静岡県下田市2-2-37
0558-22-5609
9時～18時
休）なし
http://www.lolo-kurofune.com

工業系／乗り物

monaka no. 122

くるま最中

●白つぶあん
¥140円（税込）
電話にて問い合わせ

豊田市にちなんだものをと、初代の時から作り続けているクラッシックカーのもなか。

右から左まで
全長5.5cm

時代を感じさせる、映画に出てきそうなクラシックカー。可愛いね。

自然菓工房 あずき庵

愛知県豊田市竹元町上の山下35
0565-53-5863
9時〜19時
休）火曜、第3月曜
http://azuki-an.com

工業系／乗り物

右から左
全長12cm
右から左
全長7cm

monaka no. 123

自動車もなか

●三色あん(大)、つぶあん(小)、白あん(小)の3種類
¥大320円、小140円(税込)
店頭販売のみ

豊田市ということで、モデルはトヨタのセンチュリー。

車がタイヤをくぐるデザイン。小さいタイプのもなかには、アーモンドのフロランタンが入ったタイプもあるよ。

三河屋

愛知県豊田市昭和町3-83
0565-32-1693
8時〜19時
休)月曜、月1回火曜(不定)

monaka no. 124

もなかー

つぶあん、こしあん、白あんの3種類
¥お手づくりもなか150円（税別）
電話にて問い合わせ

豊田市といえばトヨタ。昔のA型をモチーフに。

右から左
全長6.5cm

車のもなか色々あって楽しいね。車の正面のもなか、珍しい（*´艸`）

お菓子処 花月

愛知県豊田市竹生町1-2-12
0565-32-3517
9時～18時30分（日曜～17時）
休）月曜

monaka no. 125

くるま一番®

●小倉あん、ゆずあんの2種類
¥160円(税込)
電話にて問い合わせ

トヨタ時代の初期の車。あ～なるほど１号車だから「くるま一番」なのかな（*'ω'*）

豊田市にちなんで、トヨタのスタンダードフェートン１号車をモチーフにしたもなか。

右から左まで
全長11.5cm

豊田両口屋

愛知県豊田市堤町平松170
0565-53-0308
8時30分～19時30分
休)火曜、第3月曜

工業系／乗り物

右から左まで
全長11.5cm

monaka no. 126

くらうん最中

●つぶあん（こがし）、抹茶あん（こがし）、桃あん（ピンク）の3種類
¥200円（税別）
電話にて問い合わせ

豊田市ということで、トヨタのクラウン。現在７代目のクラウン。

「くらうん最中」は、４回モデルチェンジしてるらしい。ピンククラウン（桃太郎ピンク）にちなみ創業 60 周年記念として「幸せのピンクくらうん最中」が登場！

つたや製菓舗

愛知県豊田市山之手4-43
0565-28-1490
9時～19時30分
休）木曜
http://www.machikuru.jp/mc0254/

monaka no. 127

鈴鹿の駿風 ライダーもなか®

●つぶあん
¥125円(税込)
電話にて問い合わせ

鈴鹿サーキットがオープンした記念として、1962年先代の時から作り始めた。

細部まで入り組んだ形のもなか！クオリティー高い！

前輪から後輪まで
全長9cm

とらや勝月

しょうげつ

三重県鈴鹿市三日市町1871-15
059-382-1916
8時〜19時(日曜〜18時)
休)火曜
http://www.toraya-e.com

工業系／乗り物

monaka no. 128

鯨船

●小倉あん、栗入りあおさのりあんの2種類
¥130円(税込)
電話にて問い合わせ

山海の幸、三重県産ヒトエグサと栗を入れ、五穀豊穣を願い行われる、祭禮の鯨船をモチーフにした。

立派な船だ～。

船首から船尾
全長 10cm

和菓子所 弥生

三重県四日市市楠町南川97
059-397-2337
9時～18時30分
休)水曜

monaka no. 129

ちんちん電車もなか

●つぶあん餅入り
¥140円(税込)
電話にて問い合わせ

阪堺電車が通る阪堺線。現存はしているが、歴史を形に残したいという先代の気持ちがこもったもなか。

1輌の長さ
全長7.5cm

堺銘菓もなか 南曜堂

大阪府堺市堺区旅篭町東1-2-7
072-233-1513
9時～18時30分
休)木曜、祝日
http://nanyodo-monaka.com/

パッケージもどこかレトロ。ずっと作り続けてほしい（#^^#）

monaka no. 130

椀舟最中®

●しそあん
¥180円（税別）
オンラインショップあり

船の長さ
全長8.5cm

椀舟とは文化文政の頃、桜井漆器を運んだ行商船のこと。波を超え豊かな文化を運んだ椀舟の形を先代がもなかに模した。

漆器を運んだ船だから、椀舟ね～。昔の人の名前の付け方って、粋ですよね。

一福百果・清光堂

愛媛県今治市東村南1-5-33-1F
0898-48-0426
9時～18時30分
休）日・月曜
http://www.ichifuku-hyakka.com

monaka no. 131

ロケット最中

●白あんにポンカンとタンカンの皮入り
¥90円(税込)
電話にて問い合わせ

まだ内之浦町だった頃、「ロケットの町」にちなんで、内之浦町商工会、菓子店舗の方々とで考案されたそう。

パッケージもパキっとした色合いで、もなかっぽくないけどイイ。

ぎんじ堂

鹿児島県肝属郡肝付町南方271
0994-67-2329
8時〜19時
休)不定

頭からお尻まで
全長14cm

工業系／乗り物

— monaka no. 132 —

モリワキ最中

●つぶあん
¥6個入り1337円（税込）
オンラインショップあり

モリワキのサイレンサー「モンスター」という商品の形。

バイクのサイレンサーを、もなかにしよう！って発想がぶっ飛んでます。

右から左まで
全長 8 cm

モリワキエンジニアリング

三重県鈴鹿市住吉町6656-5
059-370-0090
9時～18時
休）土・日曜
http://www.moriwaki.co.jp

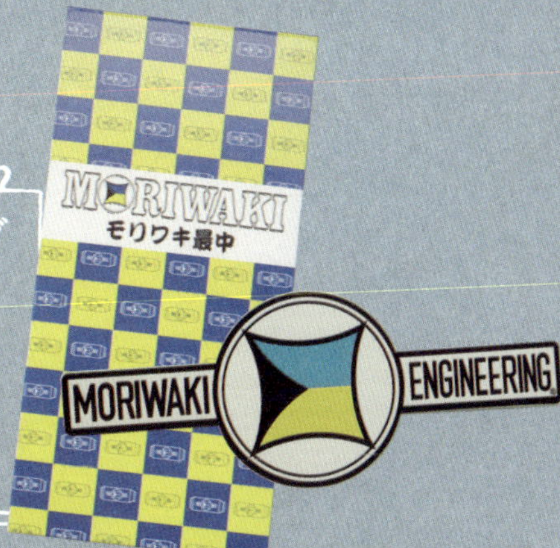

monaka no. 133

彦根バルブ最中

●つぶあん
¥110円、10個入1250円(税込)
電話にて問い合わせ

彦根市は全国でも指折りのバルブ生産地になっている。明治中期に門野留吉氏がバルブの製造を始めたのが彦根バルブのはじまりといわれ、彦根三大地場産業の一つとなった。

珍しいな〜って思ってたけど、由来を聞いて納得。

風月堂

滋賀県彦根市銀座町5-7
0749-22-0035
9時〜18時30分
休)木曜

工業系/部品

monaka no. 134

せめんだる®

●つぶあん
¥大141円、ミニ65円(税込)
オンラインショップあり

小野田セメントで有名な土地柄、昔はセメント袋ではなく、樽で運んでいたから。

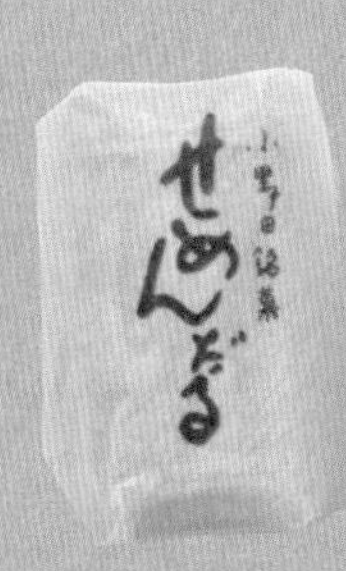

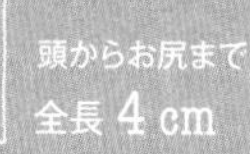

頭からお尻まで
全長 4 cm

頭からお尻まで
全長5.5cm

ミニだるもあるよ。

つねまつ菓子舗 駅前店

山口県山陽小野田市日の出3-2-18
0836-83-3671
8時30分～16時
休)日曜
http://www.e-densuke.com/tsunematsu/

monaka no. 135

タイヤ最中

●つぶあんとこしあんをまぜたもの
¥173円(税込)
電話にて問い合わせ

戦争でなにもかもなくなってしまった時、久留米の名物といえば、ブリヂストン発祥の地ということから。

タイヤをもなかのモチーフにというのがすごいよね。

直径 7 cm

吉金菓子舗

福岡県久留米市日吉町12-28
0942-32-5827
8時30分～18時30分
休)不定

工業系／部品

⑤ 建築物

城
その他の建築物

百花繚乱！日本城郭地図

かつては二万数千もの城が存在した日本国。江戸時代の「一国一城令」、明治時代の「廃城令」で数はどんどん減ってゆき、築城されたまま現存している天守は十二城。その後、再建が進み今日では百城ほどとなった。現存している名城から、廃城となってしまった幻の城まで、二十二城のもなかを集めました。

滋賀県彦根市
ひこねお城もなか
福岡県北九州市
小倉城最中
大阪府吹田市
大阪城鯱最中
福岡県直方市
鷹取城最中
広島県福山市
お城もなか
兵庫県姫路市
城白モナカ
長崎県平戸市
平戸城もなか
大阪府岸和田市
城下町もなか
佐賀県唐津市
岸岳城もなか
香川県丸亀市
丸亀お城もなか
三重県度会郡玉城町
勢州田丸城お城最中
愛知県犬山市
犬山銘菓お城もなか
熊本県熊本市
熊本お城最中

monaka no. 136

お城最中

●つぶあん餅入り（こがし）、ごまあん餅入り（白）の2種類
¥130円（税込）
オンラインショップあり

長崎県五島にある石田城と並び日本における最後期の日本式城郭で、北海道内では唯一の城とされる松前城をモチーフに。

北洋堂

北海道松前郡松前町字松城64番地
0139-42-2058
8時30分〜18時（日曜〜17時）
休）木曜　http://www.hokuyodo.com/abouts/

北海道では唯一の日本式城郭。貴重だね。
（高さ7cm）

monaka no. 137

手作りお城最中

●つぶあん
¥160円（税込）
電話にて問い合わせ

国の重要文化財に指定されており、桜でも有名な弘前城の近くでお店を営んでいる。

手作り菓子 あずき庵

青森県弘前市東長町26-3
0172-32-1674
9時〜18時30分（日・祝日〜18時）
休）水曜

あんこと皮が別包装になっているので食べる直前に挟んでパリパリの食感を楽しめる。（高さ6cm）

monaka no. 138

倉賀野城

●つぶあん、こしあん

¥150円(税抜)

オンラインショップあり

南北朝時代に築かれた城。現在では石碑があるだけとなってしまったため、倉賀野城を偲んでもなかを作った。

和菓子の店 星芝野

群馬県高崎市倉賀野1222-1
027-346-6231
10時～18時　休）火・水曜
http://hoshino.ne.jp

今は無きお城の存在も、もなかで復活。（高さ 6cm）

表と裏の皮が立体的。なので、けっこうボリュームあり。（高さ 6.5cm）

monaka no. 139

八王子城もなか

●大納言小豆

¥180円(税抜)

電話にて問い合わせ

モチーフとなったのは、かつて八王子市（16 世紀の武蔵国）に存在しており、日本 100 名城にも選定された八王子城だ。

千松園

東京都八王子市大横町1-13
042-622-5664
9時～18時30分
休）水曜

monaka no. 140

城下町もなか

●つぶあん
¥130円（税込）
店頭販売のみ

小田原のシンボルともいえる小田原城の観光土産にと。

風月堂

神奈川県小田原市
本町1-10-20
0465-22-2960
8時～18時
休）水曜

難攻不落といわれていた北条氏のお城！
（高さ5.5cm）

天守閣があるこの城の形に、もなか好きからは突っ込まれないけど、城好きの方からはたまにツッコミがあるらしい。
（高さ8cm）

monaka no. 141

大庭城最中

●つぶあん
¥160円（税込）
電話にて問い合わせ

平安時代に藤沢にあった山城。昭和50年頃に城跡を公園に。本当は天守閣はないけれど、わかりやすくこの形にした。

御菓子処丸寿（まるす）

神奈川県藤沢市羽鳥3-20-9
0466-36-7938
7時30分～19時　休）火曜

monaka no. 142

長岡城

●抹茶の飴、紫蘇の飴、ミルクの飴の3種類
¥108円（税込）
オンラインショップあり

大正元年創業、何か変わったものをと、兜城とよばれた長岡城を偲んで作った。

長命堂飴舗

新潟県長岡市殿町2-1-2
0258-35-1211
9時〜17時　休）日曜
http://www.amemonaka.jp

珍しい飴もなか。長岡城は現存してなくって、本丸があった所は長岡駅なんだって！（高さ5.3cm）

monaka no. 143

出世城もなか

●つぶあん（あん詰めとお手詰め）
¥180円（税別）
オンラインショップあり

歴代城主の多くが後に江戸幕府の重役に出世したことから出世城と呼ばれている浜松のシンボル浜松城をモチーフに。

菓匠ふる里総本家 本店

静岡県浜松市中区佐鳴台6-6-6
053-448-9121
9時30分〜18時30分
休）不定
http://www.furusato-souhonke.jp

石垣の部分が大きいお城もなかだね。（高さ5.5cm）

— monaka no. 144 —

二俣城最中

●つぶあん
¥135円（税込）
オンラインショップあり

徳川家康の長男松平信康が信長に追われ切腹し、武田と徳川の合戦により落城した二俣城をモチーフに。

遠州菓子処 むらせや

静岡県浜松市天竜区二俣町二俣340-1
053-925-2348　8時～19時　休）不定
http://www.muraseya.com

歴史の勉強になるわ～
φ（..）（高さ 6cm）

現存天守 12 城のひとつでもあり、天守閣が国宝に認定された五城のうちのひとつらしい。（高さ 6cm）

— monaka no. 145 —

犬山銘菓 お城もなか

●つぶあん
¥150円（税込）
店頭販売のみ

室町時代に建てられた国宝の犬山城をモチーフに。

御菓子司 松栄本店

愛知県犬山市大字犬山字西古券33
0568-61-0025
10時～17時　休）水曜

—— monaka no. 146 ——

勢州田丸城お城最中

●つぶあん、抹茶あん135円、白あんきんかん入り、つぶあん求肥入り150円の4種類（税込）
電話にて問い合わせ

玉城町のシンボルとして町民にしたしまれてきた田丸城。この由緒あるお城の面影を残したいという想いから。
※抹茶あんとつぶあん餅入りは季節限定

玉花吉祥庵

三重県度会郡玉城町中楽442-20
0596-58-4500
9時30分〜18時30分　休）月曜、第1・3日曜
http://www.citypage.jp/mie/kisshou/

きんかんあんは珍しいね。（高さ 6cm）

平面じゃなくって、かなり立体的なもなかだよ。（高さ 6.5cm）

—— monaka no. 147 ——

ひこねお城もなか

●つぶあん栗入り
¥125円（税込）
店頭販売のみ

彦根市のシンボル、彦根城をモチーフに。

創作菓匠 なか里

滋賀県彦根市竹ヶ鼻43-2
0749-24-7033
10時〜21時　休）第3火曜
http://www.hikone-nakazato.com

monaka no. 148

大阪城鯱最中

●つぶあん
¥108円（税込）
オンラインショップあり

大阪城をモチーフにしたもなか。

和ー水都饌菓（わ すいーとせんか）

大阪府吹田市穂波町13-42
06-6384-3981
9時〜19時　休）元日

城マニアでなくても知ってる、日本の城の中でも最も有名な城の一つ。（高さ7cm）

これが、大蛸に救われたという岸和田城だ！（高さ6cm）

monaka no. 149

城下町もなか

●つぶあん
¥200円（税込）
電話にて問い合わせ

天保10年から創業180年現在7代目となる老舗。岸和田城にも献上していたということから岸和田城をモチーフにしたもなかを作った。

御菓子司 小山梅花堂（こやまばいかどう）

大阪府岸和田市本町1-16
072-422-0017
8時〜19時　休）なし

monaka no. 150

城白モナカ

●クリームチーズ入り白あんにホワイトチョコチップ入り
¥200円（税別）
店頭販売のみ

姫路のシンボル姫路城。平成の大改修完成を記念し、県立姫路商業高等学校の生徒たちとコラボしてできたもなか。

五層もなか本舗

兵庫県姫路市幸町71
079-284-2525　8時～18時　休）なし
http://goso.co.jp/

オリジナル商品五層もなか160円（税抜）は、栗入りのつぶあんだよ。
（高さ 6.5cm）

monaka no. 151

お城もなか

●つぶあん求肥入り
¥184円（税込）
オンラインショップあり

福山城をモチーフに。

瀬戸の菓望 浜だんな 瀬戸店

広島県福山市瀬戸町山北288
084-951-3232
9時～19時　休）元日
http://www.hamadannaseika.jp

新幹線福山駅を降りるとホームの真ん前に福山城！
（高さ 6cm）

monaka no. 152

丸亀お城もなか

●つぶあん（お手づくりもなか）
¥170円（税込）
電話にて問い合わせ

国の重要文化財である丸亀城の天守閣をかたどったもなか。

御菓子司 寶月堂（ほうげつどう）

香川県丸亀市米屋町16
0877-23-0300
9時～18時30分（水曜～17時）
休）元日
http://www.hougetudou.com

丸亀城は、日本一高い石垣があるお城なんだって！（高さ6cm）

お城最中は丸い形のものと、このお城の形の2種類あったよ。（高さ6cm）

monaka no. 153

小倉城最中

●つぶあん
¥129円（税込）
オンラインショップあり

小倉城で販売しているから、どうせならお城の形にと。

藤屋

福岡県北九州市小倉北区古船場5-32
093-521-4279
9時～16時　休）日曜
http://kogiku-fujiya.com

monaka no. 154

鷹取城最中

●つぶあん
¥90円(税込)
電話にて問い合わせ

平安時代から室町時代に福知山の支峰鷹取山にあった鷹取城をモチーフに。

かわすじ饅頭 大塚菓子舗

福岡県直方市古町10-3
0949-23-0034
8時〜18時くらい 休)なし

小ぶりのお城もなか。
(高さ5cm)

monaka no. 155

岸岳城もなか

●つぶあん
¥120円(税別)
電話にて問い合わせ

モチーフとなった岸岳城は、標高320メートルの岸岳に波多氏によって築かれた山城で、現在では尾根に沿って全長1キロ程の遺構が残っている。

昭月堂 本店

佐賀県唐津市相知町相知2082-19
0955-62-2601
9時30分〜19時 休)月曜
http://www.showget2.com

今は心霊スポットとして有名なところなのだとか……
(゜Д゜)(高さ5.5cm)

monaka no. 156

熊本お城最中

●つぶあん餅入り
¥180円(税込)
電話にて問い合わせ

熊本のシンボルでもある熊本城をもなかに。

一休本舗

熊本県熊本市東区秋津3-14-1
（本社工場売店）
096-368-3071
8時30分〜17時30分
休)元日から4日まで

日本三大名城とよばれる熊本城、早く元の姿を見たいね。(高さ6cm)

monaka no. 157

平戸城もなか

●大納言つぶあん
¥120円(税込)
電話にて問い合わせ

平戸城からの城下町であることから。最中種（皮）はこだわって石川県より取り寄せている。

菓子処 津乃上（つのうえ）

長崎県平戸市魚の棚町300
0950-22-3021
8時30分〜18時　休)不定

城もなかは、集めれば集めるほど癖になってくるね。(高さ6cm)

monaka no. 158

箱館奉行所最中

●小豆こしあん餅入り
¥160円(税込)
電話にて問い合わせ

江戸幕府の役所であった箱館奉行所はわずか7年で解体された。140年の時を超えて2010年に復元されたことを機に、函館スイーツの会で箱館奉行所最中を考案した。

屋根の細かい線とか、細部までカッコイイ。

上から下まで
高さ 5 cm

龍栄堂菓子舗 本店

北海道函館市上新川町6-7
0138-45-1872
9時～19時
休)水曜

全長15cm

あわ家惣兵衛
大泉学園本店

東京都練馬区大泉学園町7-2-25
03-3922-3636
10時～19時
休)なし
http://www.so-bey.com

monaka no. 159

東京駅 丸の内駅舎最中

●つぶあんとバタークリーム
¥260円（税込）
オンラインショップあり

平成 24 年に 100 年前の東京駅の姿が復元されたことを記念してその時に作ったもの。

あんことバタークリームなんて、贅沢な組み合わせです。

monaka no. 160

灯台最中

●小倉あん、白あんの２種類
¥130円（税込）
電話にて問い合わせ

銚子半島の最東端の犬吠埼に立つ白亜の灯台犬吠埼灯台をモチーフに。

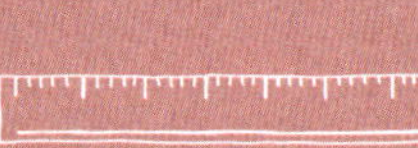

上から下まで
高さ 8 cm

31.3 メートルの煉瓦製
白亜の灯台！ステキ！

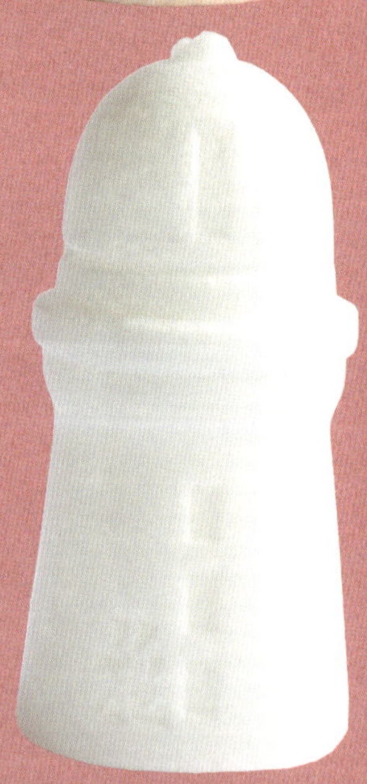

龍泉堂最中店

千葉県銚子市西芝町1-13
0479-22-1067
9時30分～18時
休）水曜

monaka no. 161

堺燈台もなか

●つぶあん
¥120円（税込）
店頭販売のみ

堺郷土菓子開発友の会で考案した堺市のシンボルである堺燈台をお菓子に。

現地に現存する木製様式燈台としては日本で最も古いもののひとつ！

上から下まで
全長 8 cm

松露だんご福栄堂

大阪府堺市西区
浜寺公園町2丁141
072-261-1677
9時〜18時
休）木曜
http://www.dan-go.com/

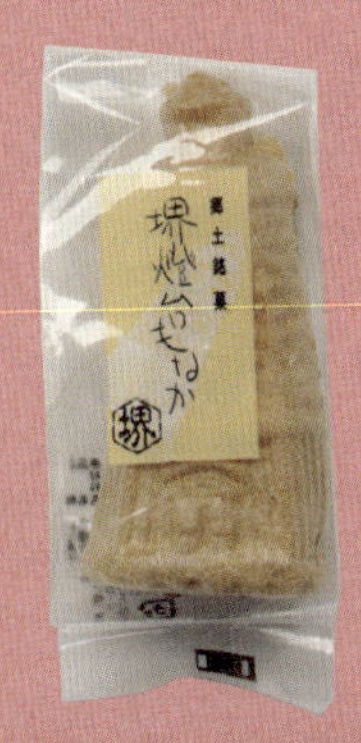

monaka no. 162

鶴林もなか

かくりん

●つぶあん餅入り
¥4個525円（税込）
電話にて問い合わせ

加古川といえば……といわれても、本当に何もないところでね。唯一、聖徳太子開基伝承をもつ寺院のひとつ、「西の法隆寺」ともいわれる鶴林寺をモチーフに、加古川をアピールできればと思って。

加古川の立派なシンボルですよ！これは。

上から下まで
全長5.5cm

長谷川銘菓堂
北在家店

兵庫県加古川市加古川町
北在家2202
079-422-3369
9時～19時
休）なし

monaka no. 163

出雲ドーム最中

●つぶあん
¥135円（税込）
店頭販売のみ

このもなかを知るまで、出雲ドームがあるの知らなかったデス。

唐傘を合わせた型の最中「時雨傘最中」。その後木造作りの多目的ドーム型スポーツ施設出雲ドームが完成してからは、お客様から「出雲ドーム最中」と呼ばれるようになり、名前を改めて販売するようになった。

直径 6 cm

扇屋菓子舗

島根県出雲市今市町北本町3-4-14
0853-22-7171
8時～20時
休）日曜午後

— monaka no. 164 —

西日光最中

●つぶあん、レモンあんの２種類
¥124円（税込）
オンラインショップあり

お店の目の前にある「西の日光」とも呼ばれる耕三寺の考養門をかたどった。

目の前に耕三寺！大好きな場所（*´艸`）

上から下まで
全長6.5cm

瀬戸田梅月堂

広島県尾道市瀬戸田町瀬戸田546
0845-27-0132
8時30分～18時30分
休）木曜
http://baigetsudou.com

monaka no. 165

くちなしの家

●つぶあん
¥108円（税込）
電話にて問い合わせ

久留米市にある水天宮の境内にある山梔窩（くちなしのや）をモチーフに。

水天宮にある「くちなしのや」は史料として模したものらしく、実際の建物は県指定文化財として水田に現存しているんだって。

上から下まで
全長5.5cm

和菓子処 とらや

福岡県久留米市京町234-1
0942-32-1472
9時～18時30分
休）火曜

「もなかぼん」ができるまで その2

中には、私の自己満足のためだけに、かなりわがままを言って困らせたお店もあったな。

「どうしても載せたい！ どーしても載せたいんです！」「やっぱり、諦めきれません。どうしても載せたい！」「ダメ？ ダメですか。だって……載せたいんです」と、2～3日続けて電話攻撃をして、とうとう根負けしたと言わんばかりに、「わかったよ」と勝ち取ったもなかも。それでも、この本に無事掲載することができたもなかたちは、結果快く協力してくださった各お店からはるばる私の自宅に送られてきた子たちなのだ。

到着したらまず撮影して原稿を書くという作業を繰り返すのだけど、箱を開けて初対面の時は愛らしくて一笑してしまう。写真のOKが出ないことには消費できないため、日を追うごとに自宅を占領していくもなかの山。香ばしさ満点の自室で寝起きする日々。常においしそうなのだ。

ここから私の手を離れて、デザイナーさん、編集者さんへとバトンタッチ。膨大な枚数の写真と原稿をさばいてもらう。と、この2行で終わらせるとクレームが来そうなほど、大変な作業を丸ごとお任せしてしまうのだ。

香ばしさ満点の自室で寝起きする日々の中、だんだんと検索の仕方にも変化が。「え!? こんなモノまでもなかにしてる！」と、ありとあらゆる形のもなかを見せつけられ、ある時期から挑戦的な発想が芽生えた。（その3に続く……）

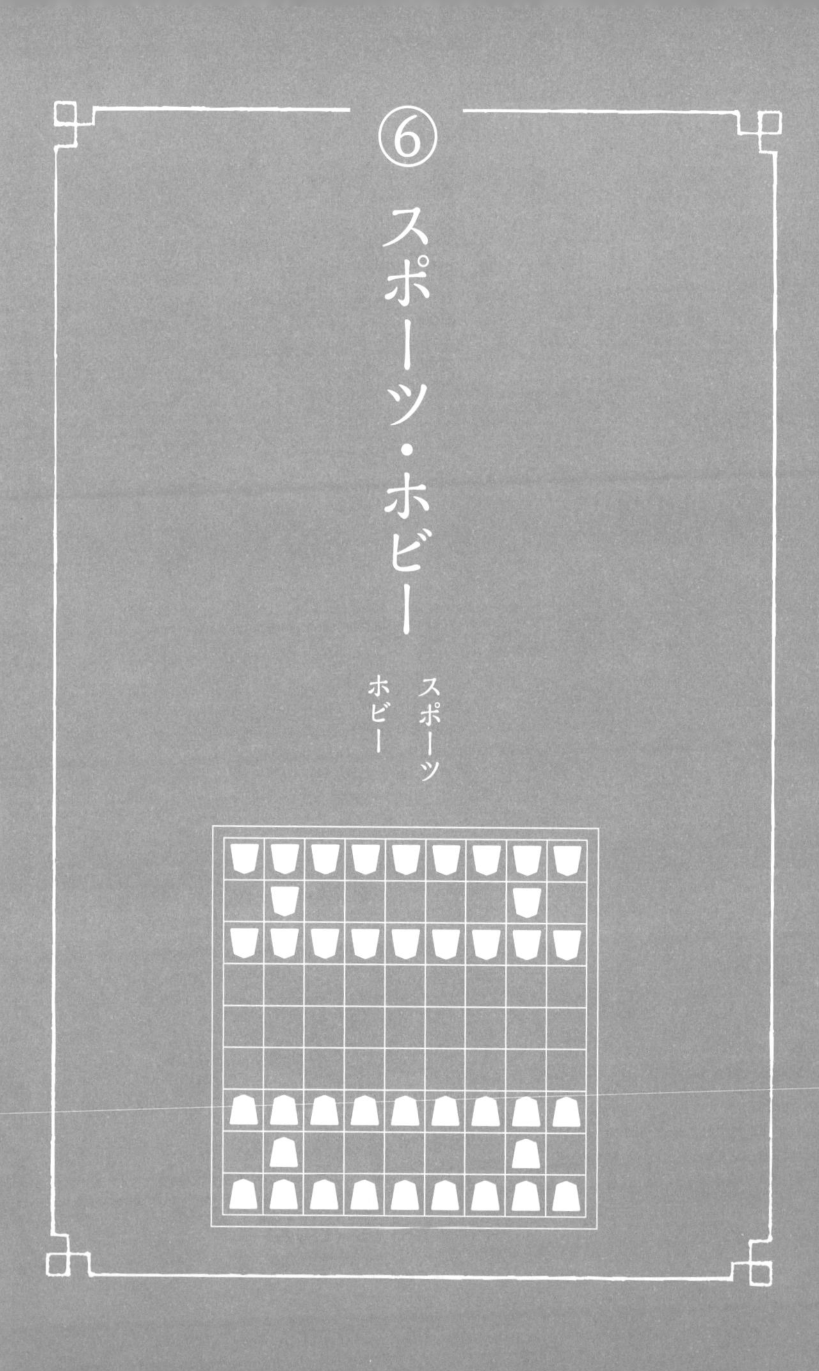
⑥
スポーツ・ホビー
スポーツ
ホビー

monaka no. 166

剣道の街

●つぶあん、ごまあんの2種類
¥150円(税込)
オンラインショップあり

珍しい形！一度見たら
忘れないよね。

剣道にゆかりある街。何か剣道にちなんだ菓子をと作られた。

上から下まで
全長 7 cm

酒と菓子の店 おおくぼ

秋田県大仙市角間川町東本町77
0187-65-3003
7時～19時
休）なし
http://www.okubo-monaka.com

monaka no. 167

羽子板最中

●つぶあん栗入り
¥200円（税別）
電話にて問い合わせ

立体的な押絵羽子板もなか。コレをもなかにするところが面白い。

春日部は、良質の桐の産地であり戦後浅草の押絵師たちが移り住み、押絵羽子板は春日部の名高い名産品となった。

縦の長さ
全長 8 cm

菓匠ちぐさ 東口店

埼玉県春日部市八丁目1007-1
048-755-7760
9時～19時30分
休）元日
http://kazma-assist.com/chigusa/

monaka no. 168

トリプルトライ®

●大納言栗入り、栗あん、コーヒーあんの3種類
¥130円(税別)
電話にて問い合わせ

熊谷にラグビー場が作られた時に、ラガーマンというお菓子を、国体が開かれた年にこのトリプルトライを作った。

ラグビーにちなんだお菓子が他にも！

横幅6.5cm

御菓子司 花扇

埼玉県熊谷市中西3-15-15
048-526-0121
10時～18時
休)月曜
http://www.hanaougi-takumi.jp

monaka no. 169

ゴルフ最中 ホールインワン®

●こしあん ¥1箱2個入り420円（税別） 店頭販売のみ ※数量限定。要予約

大正15年に誕生したゴルフボールの形のもなか。ゴルフがまだ限られた階層だけのスポーツであった当時、斬新な和菓子と好評を博した。

箱を開けてビックリ。本物と見間違うほど！ゴルフボールそのまんま！！

直径 4 cm

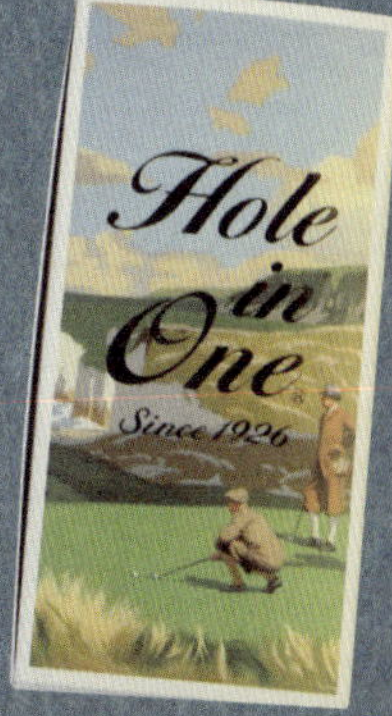

とらや 銀座店

東京都中央区銀座7-8-6
03-3571-3679
10時～20時（日・祝日～19時）
休）元日
www.toraya-group.co.jp

monaka no. 170

ファイト最中

●つぶあん
¥130円(税込)
電話にて問い合わせ

輪島功一さんのお店ということを知ってしまえば、このグローブの形のもなか、他になんの説明もいらないね。

ファイト最中は、頑張ってほしい方、何かに挑戦している方へ、元世界チャンピオン輪島功一の気合いをお届けしたいという思いから作られた。

グローブの長さ
全長6.5cm

だんごの輪島

東京都国分寺市本町4-1-12
042-323-1611
9時～17時
休)月・火曜

monaka no. 171

カープ最中

●つぶあん餅入り
¥130円（税込）
オンラインショップあり

もちろんカープファンです。

広島東洋カープを応援する思いで作った。

直径4.5cm

お菓子処 旭堂

広島県広島市中区光南1-5-23
082-246-7011
9時～19時（土曜12時～）
休）なし
http://asahidou.net/

スポーツ・ホビー／スポーツ

monaka no. 172

白玉屋新三郎
軍配もなか®

●つぶあん
¥194円、5個入り箱1000円（税込）
オンラインショップあり

江戸時代より、細川家に仕え相撲司家となり、1951年日本相撲協会に権限を譲るまで、全国の力士・行司を支配したといわれる相撲行司の家元、吉田司家を由来としたもなか。

大切に伝承されて作り続けられているもなか。

上から下まで
全長 6 cm

白玉屋新三郎
氷川本店

熊本県八代郡氷川町吉本72
0964-43-0031
9時〜17時（6〜8月〜18時）
休）元日
http://www.shiratamaya.co.jp

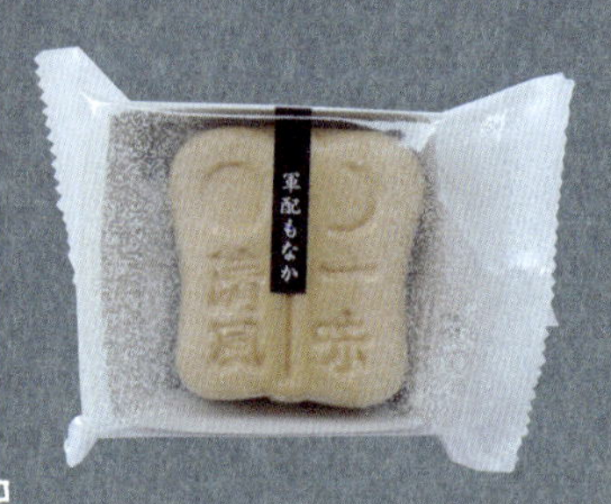

monaka no. 173

サッカーストライカー®

●つぶあん
¥5個入り500円、10個入り1000円(税別)
電話にて問い合わせ

パッケージもいいね。

国見高校がサッカーで過去に3冠獲った年に作った。

直径 6 cm

牧瀬製菓

長崎県雲仙市国見町土黒甲75
0957-78-2053
8時〜16時
休）日曜

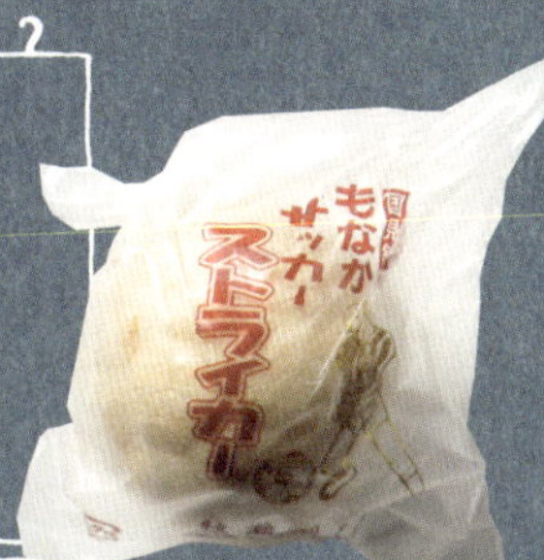

— monaka no. 174 —

ニポポもなか

●つぶあん
¥170円（税別）
電話にて問い合わせ

網走刑務所の受刑者が制作している木彫りの人形ニポポをモチーフに。

ニポポって？？？アイヌ語で「小さな木の子供」「小枝」という意味だって。

上から下まで
全長8.8cm

本田菓子舗

北海道網走市北五条西1-1-5
0152-43-2531
9時～19時
休）なし

—— monaka no. 175 ——

王将最中

●つぶあん
¥2個入り120円(税込)
電話にて問い合わせ

初代ご主人が将棋が好きで。当時は娯楽も少ない時代だったから。

もなか種（皮）には胡麻が練り込まれてるよ。

底辺の長さ 5 cm

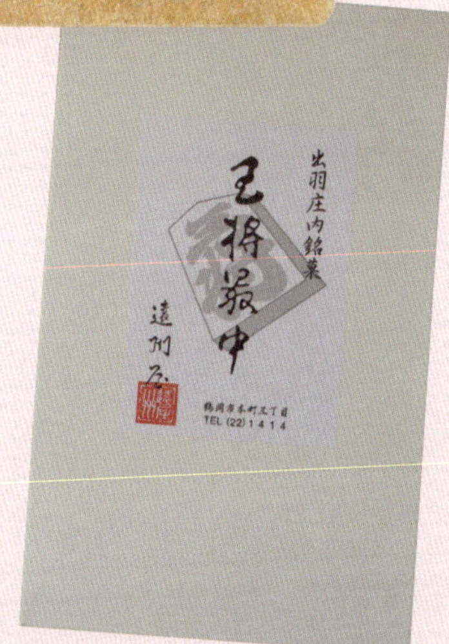

御菓子司 遠州屋

山形県鶴岡市本町3-3-22
0235-22-1414
9時～18時30分
(日曜～17時30分)
休)第3日曜

— monaka no. 176 —

大山こま最中®

●小倉粒あん
¥145円(税込)
電話にて問い合わせ

伊勢原の伝統民芸品である大山こまは、縁起物として親しまれているので、モチーフに。

ありそうでないコマのもなか。

上から下まで
全長5.5cm

お菓子の店 さのや

神奈川県伊勢原市伊勢原2-3-23
0463-95-0220
9時～18時30分(日・祝日～18時)
休)木曜
http://www2u.biglobe.ne.jp/~sanoya/

—— monaka no. 177 ——

安城一番®

あん じょう いち ばん

●つぶあん餅入り
¥5個入り756円（税込）～
オンラインショップあり

安城市桜井町一帯で製作されていた福助の絵柄をあしらった桜井凧をモチーフに。

右から左
全長 7 cm

御菓子司 北城屋

きた しろ や

愛知県安城市百石町2-19-15
0566-73-0260
9時～19時
休）なし
http://www.kitashiroya.co.jp

福助可愛いね。パッケージも福助のプリントされていてなんかおめでたい。

ふんわりした色と、和風ゼリー（錦玉）が可愛い。箱の中には、五色の折り紙と、紙ふうせんの折り方が入っている素敵なお菓子。

monaka no. 178

紙ふうせん

●黒糖ゼリー（こがし）、レモンゼリー（白）、ワインゼリー（緑）、ぶどうゼリー（ピンク）の4種類
¥9個入り648円（税込）〜
電話にて問い合わせ

二代目女将の時に可愛らしい商品をと考え作られた。

直径 4 cm

菓匠 高木屋 本店
たかぎや

石川県金沢市本多町1-3-9
076-231-2201
9時〜18時
休）水曜
http://www.takagiya.jp

monaka no. 179

はつかいち
けん玉もなか

●小倉、抹茶、ゆず、キャラメルミルクの4種類　¥172円、キャラメルミルクのみ205円（税込）
店頭販売のみ

廿日市市で行われるけん玉ワールドカップにちなんで2014年の冬から作り始めた。

上から下まで
全長7cm

パッケージのデザインもカワイーのだ。

和洋菓子 ながお

広島県廿日市市廿日市1-5-1
0829-31-1873
8時～20時
休）不定

— monaka no. 180 —

ふく笛もなか

●つぶあん
¥10個入り756円(税込)
オンラインショップあり

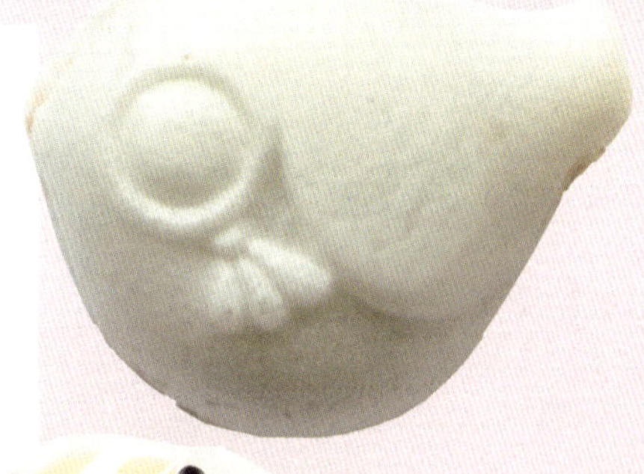

下関の郷土民芸品のふく笛をモチーフに。

絶対吹き口の所から食べるよね（*´艸`）

右から左まで
全長4.5cm

江戸金

山口県下関市卸新町7-3
083-223-0391
8時30分～17時15分
休）日曜
http://www.shimonoseki-edokin.com

monaka no. 181

にわかもなか®

●つぶあん
¥6個入り540円、10個入り972円(税込)
オンラインショップあり

福岡市無形民俗文化財である「博多にわか」の「にわか面」にちなんで。

創業は明治39年！！
博多のイイものずっと残していきたいね。

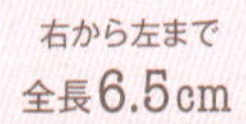

右から左まで
全長6.5cm

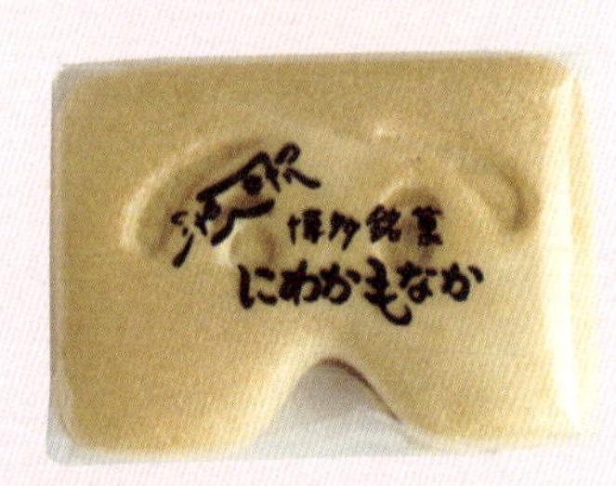

にわかせんぺい本舗 東雲堂
とう うん どう

福岡県福岡市博多区吉塚6-10-16
092-611-2750
9時〜17時　休）日曜
http://www.toundo.co.jp

monaka no. 182

きじ車

●つぶあん(こがし)、白あん(白)、抹茶あん(ピンク)の3種類
¥160円(税込)
電話にて問い合わせ

複雑な形なのに、きじ車よく出来てる♪

みやま市の郷土玩具きじ車をモチーフに。

右から左まで
全長9.3cm

かめや菓子舗

福岡県みやま市瀬高町下庄2061-1
0944-62-2133
9時~19時(日曜~17時)
休)元日

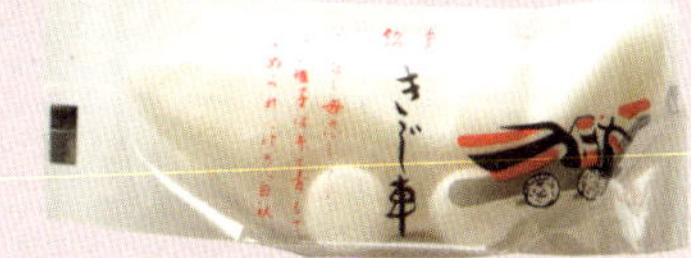

「もなかぼん」ができるまで その3

それまでは、〈○○県 和菓子もなか〉とか〈面白い形もなか〉とかで検索しまくっていたんだけど、目に付くものを片っ端から検索するようになった。例えば、ニュースでパンダを見れば〈パンダ 和菓子 もなか〉メガネのCMを見ると〈メガネ 和菓子 もなか〉とか。さすがにコレはないだろーと思っても検索して意外とあったりする。これがゲームなら、ことごとく負け越している。

それでも、思いつくまま検索を続けるんだけど、中には見つけられなかったもなかも沢山あるんだろうな。日本全国の和菓子店、洋菓子店に電話で聞くわけにもいかず、どうにか見つけることができて、かき集めたもなかたち250点、同じモノは一つもない。本当はもっとあったのだけど、掲載にご協力いただいたのに、商品が変わったり、お店を閉められたり……本当に時間がかかり過ぎてしまって、すみませんでしたという思いと、掲載できなくなってとっても残念という思いでいっぱいです。

それとは逆に、やっと見つけた！と思っても、やはり怪しい電話ゆえお断りをされるお店もあるわけで、裏話としてサラッと読んでいただきたい。

「細々とやっているので、申し訳ありませんが、遠慮させてください。」と、ご丁寧にお断りされる場合は別として、かなりの権幕で断り文句を怒鳴ってくるお店や、ほぼ無言でヒトコト「いい」で、ガチャンと電話を切られたり。そんなお店との電話の後は思考停止、半泣き放心状態で、「今日はダメな日」と諦め、仕事放棄。

快く協力してくださった沢山のお店のためにも、自己満足のためにも、頑張ろう！怒鳴ってきたあのオヤジがこの本を目にした時に、悔しい思いをしてもらわねば！という負けん気の強さと少しの意地悪で、何が何でも素敵な本を作ろうという原動力に変換させてようやくここまできました。

今回、このもなか本に掲載させていただいた店舗の方々には本当に感謝しております。

⑦ 神仏・縁起物

神仏
鬼
縁起物
お祭り

monaka no. 183

厄よけもなか

●つぶあん（鼻高天狗）、ゆずあん（烏天狗）の2種類
¥120円（税込）
電話にて問い合わせ

大杉神社御用菓子で、大杉神社が祀る大物主大神に仕える鼻高天狗と烏天狗をかたどり、厄よけもなかとして作った。

御利益ありそうだ！

高さ 6 cm

結夢庵
ゆいむあん

茨城県稲敷市阿波958
大杉神社境内
029-892-2608（東郷菓子舗 本店）
9時30分〜17時30分
休）水曜

monaka no. 184

観音最中®

●小豆あん、白あんごま入りの2種類
¥80円(税込)
電話にて問い合わせ

高崎にある高崎白衣大観音（通称高崎観音）を建立した井上保三郎氏との縁で、高崎観音をモチーフにしたもなかを作った。自分の治したい所から食べ、観音様からご慈悲をいただくという言い伝えも。

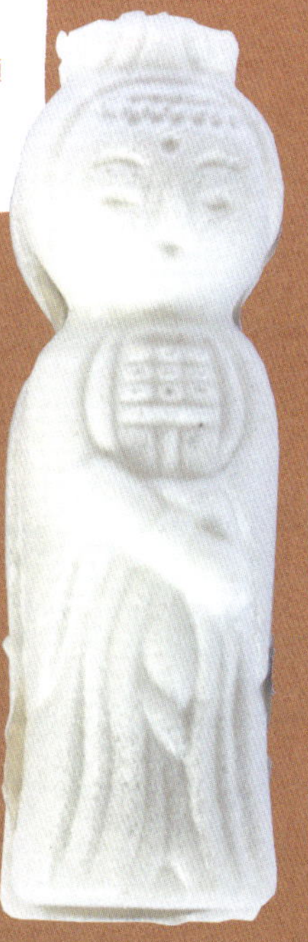

頭から足元まで
全長8.5cm

観音最中を作っているのは観音屋だけ！

観音屋

群馬県高崎市中紺屋町22-1
027-325-2000
10時～18時
休）水曜

monaka no. 185

浅草観音最中®

●つぶあん(こがし)、白あん(ピンク)、お茶あん(緑)の3種類
¥10個入り1922円(税込)
HPより問い合わせ

淡い色が、いいねっ!
ばら売りはしてません。

昔、浅草にお店があった頃に初代が浅草観音にちなんで作った。

上から下まで
全長 8 cm

お城森八本舗

東京都墨田区業平1-3-6
03-3622-0006
9時～18時
休)第3月曜
http://www.morihati.co.jp

monaka no. 186

地蔵最中®

●つぶあん(こがし)、ごまあん(ピンク)、抹茶あん(緑)の3種類
¥3個入り260円(税込)
電話にて問い合わせ

巣鴨のとげぬき地蔵にある飲むお守りのようにお地蔵様をモチーフに。難除けもなかとして食べてもらえればと。

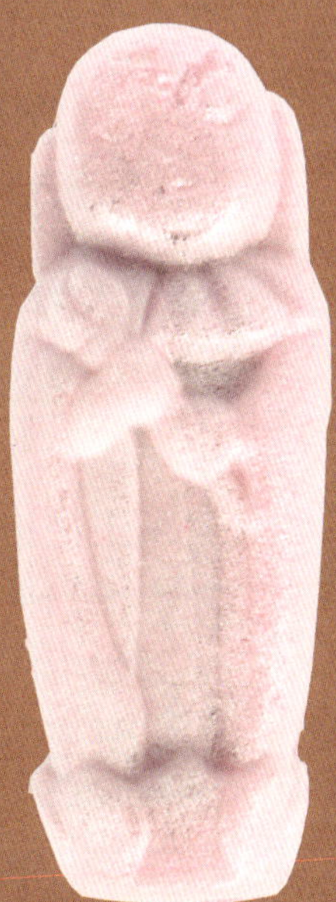

頭から足元まで
全長7.7cm

松月堂
しょうげつ どう
東京都豊島区巣鴨3-18-17
03-3917-5350
9時～18時
休)水曜

御利益ありそう
(*´艸`)

monaka no. 187

えびす最中

●小倉あん
¥180円（税込）
電話にて問い合わせ

目黒区の地名にちなんだお菓子をいくつか作っていて、恵比須の地名から縁起が良いこともあり、もなかに。

すっばらしい笑顔！

頭からお尻まで
全長 7 cm

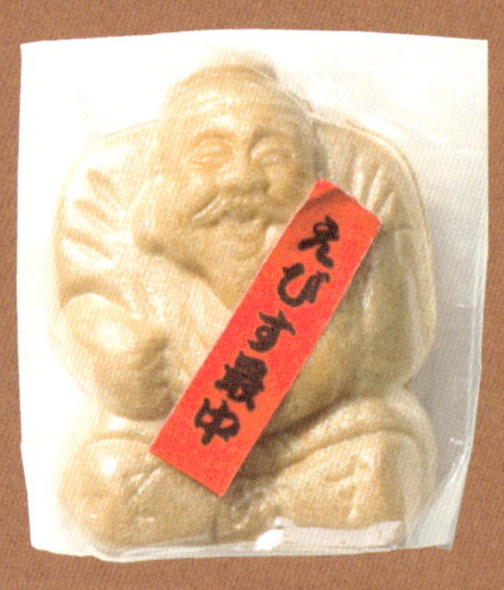

つたや一粋庵
いっすいあん

東京都目黒区目黒本町6-9-11
03-3713-2402
8時～19時
休）日・祝日

神仏・縁起物／神仏

monaka no. 188

大船観音最中®

おお　ふな

●つぶあん
¥150円（税込）
電話にて問い合わせ

大船を見守ってくださっているありがたい観音様を身近なお菓子に。

頭から胸元まで
全長7.5cm

大好きな観音様！実物にはまだお会いできてないけど、絶対会いに行く！

和菓子司 龍月

神奈川県鎌倉市大船1-15-17
0467-46-3805
9時～19時
休）木曜

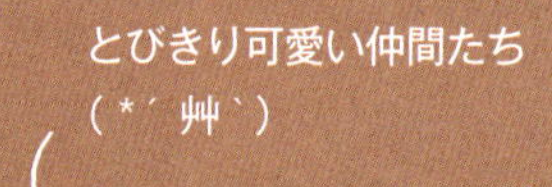

縦の長さ
全長6.5cm

monaka no. 189

すわの仲間たち

●くるみキャラメル、くるみキャラメルかりん、くるみキャラメルシルクパウダー入り、くるみキャラメルゴマ入りの4種類

¥8個入り1370円(税別)

オンラインショップあり

●縄文のビーナス(くるみキャラメル)……八ヶ岳山麓茅野市棚畑遺跡で出土した縄文時代の国宝土器

●水辺のかりん(くるみキャラメルかりん)……諏訪湖畔を香りで彩るかりん並木

●シルクのまゆ玉(くるみキャラメルシルクパウダー入り)……一大製糸業地として栄えたシルク岡谷の象徴まゆ玉

●万治の石仏(くるみキャラメルゴマ入り)……下諏訪町の諏訪大社春宮近く、静かに鎮座する石仏

をそれぞれモチーフに。

ヌーベル梅林堂
岡谷本店(菓子工房諏訪の月)

長野県岡谷市中央町1-13-31
0266-22-4085
10時～19時
休)元日
http://www.nouvel-bairindo.com

monaka no. 190

信州大岡どうそじん最中

●赤小豆あん(こがし)、大岡の古代米を混ぜた最中種にごまあん(紫)の2種類 ¥136円(税込)
※販売店によって異なる
電話にて問い合わせ

昔は村の守り神とされていて、近年では子孫繁栄、旅や交通安全の神として信仰されている。芦ノ尻の神面道祖神は 1997 年長野県の無形民俗文化財の指定を受けた。

上から下まで
全長 7 cm

松崎屋製菓舗

長野県長野市信州新町新町187
026-262-2033
8時～18時30分
休)不定

カメラのフレーム覗いて笑ってしまったほど愛らしい。この道祖神、「芦ノ尻道祖神祭保存会」によって受け継がれていく。

— monaka no. 191 —

十一面最中®

●つぶあんと手亡あんの二層
¥150円（税別）
店頭販売のみ

ステキ過ぎます。

聖武天皇が開山したといわれる智識寺。その本堂に安置される十一面観音をかたどったもなか。

上から下まで
全長 8 cm

御菓子司 柳堂
やなぎどう

長野県千曲市上山田2884-1

神仏・縁起物／神仏

monaka no. 192

鉈彫円空®

なた ぼり えん くう

●つぶあん

¥110円(税込)

電話にて問い合わせ

鉈掘り感が出てるね。
円空仏のもなか
(*´ 艸`)

円空ゆかりの地である美並町には仏師円空が残した円空仏が数多く残っており、円空ふるさと館に保存されている。資料館が出来た時に、お土産として喜ばれるよう円空仏をかたどったもなかを作った。

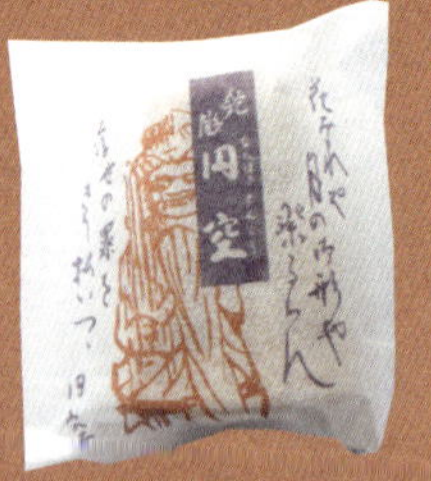

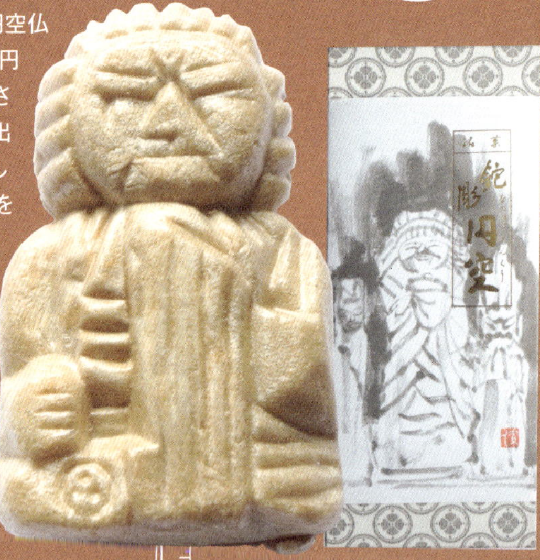

上から下まで
全長 7 cm

御菓子処 わたなべ

岐阜県郡上市美並町白山844-2
0575-79-2028
8時〜20時
休)火曜

monaka no. 193

天狗もなか

●つぶあん、黒こしあん、白こしあんの3種類
¥162円（税込）
電話にて問い合わせ

この地方の民話に登場する天狗をモチーフに。近くにある仏現寺には、「天狗の詫証文」も残っているといわれている。

天狗は妖怪？神？

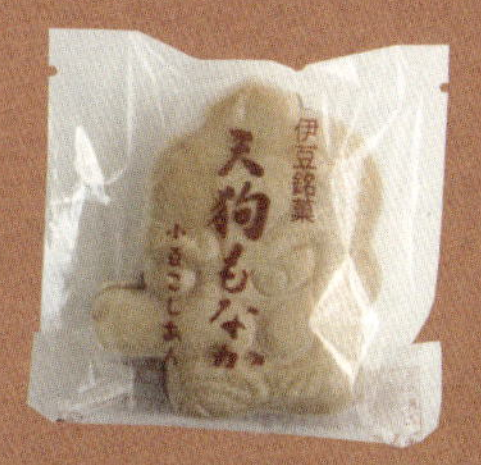

玉屋

静岡県伊東市和田1-6-5
0557-37-2582
8時30分～17時30分
休）日曜

上から下まで
全長7.5cm

monaka no. 194

仁王もなか

●つぶあん
¥151円(税込)
電話にて問い合わせ

あま市甚目寺にある甚目寺観音の仁王様のもなか。

迫力満点の仁王様。仁王様のもなか珍しいね。

上から下まで
全長 6 cm

とくら総本店

愛知県あま市甚目寺山之浦85-3
052-444-0186
8時〜19時（水曜〜17時）
休）なし

monaka no. 195

円空大黒天もなか

●つぶあん
¥110円(税込)
店頭販売のみ

名古屋って円空仏が多いんだね。

名古屋市の荒子観音にある円空仏をモチーフにした。

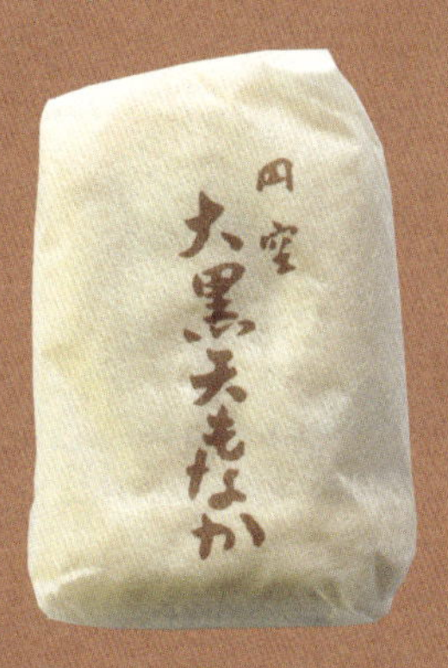

上から下まで
全長 6 cm

御菓子司 もち観

愛知県名古屋市中川区
　荒子町宮窓12
052-361-0595
8時～19時
休)木曜

monaka no. 196

かっぱ九千坊

●白つぶあん
¥125円（税別）
電話にて問い合わせ

かっぱに魅了されて、かっぱ収集家でもある。かっぱが大好きだから。

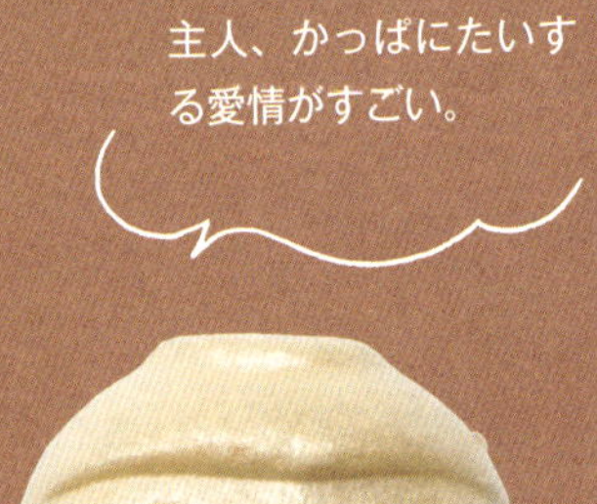

頭から足元まで
全長6.5cm

あけぼの河童菓庵

福岡県うきは市吉井町1171-2
0943-75-2739
8時〜19時
休）水曜

神仏・縁起物／神仏

monaka no. 197

鵜殿石仏最中®

うどのせきぶつ

●大納言つぶあん
¥140円（税込）
電話にて問い合わせ

大仏フェチとしては、外せないもなかのひとつ！

佐賀県指定史跡である鵜殿石仏群。250mの丘陵の中ほどにある岩壁に、南北朝時代の作と推定される石仏が残っている。その中のひとつ、持国天をモチーフに作った。

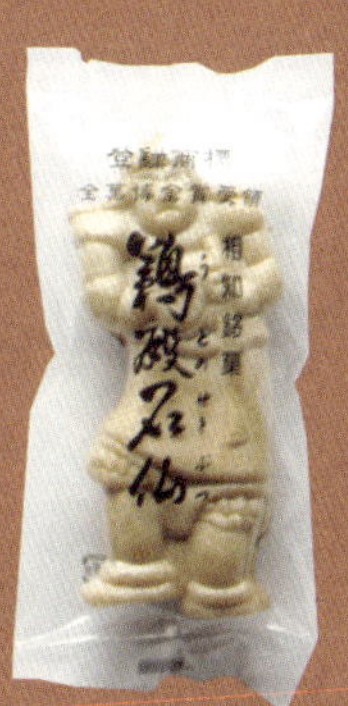

頭から足元まで
全長10cm

宝来堂菓子舗

佐賀県唐津市相知町相知2143
0955-62-2050
8時～19時
休）元日、不定

— monaka no. 198 —

多聞天石仏最中

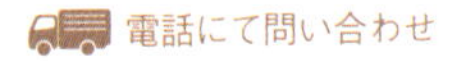

●つぶあん
¥130円(税別)
電話にて問い合わせ

佐賀県指定史跡である鵜殿石仏群。250mの丘陵の中ほどにある岩壁に、南北朝時代の作と推定される石仏が残っている。その中のひとつ、多聞天をモチーフに作った。

これも大仏フェチとしては、外せないもなかのひとつ！

頭から足元まで
全長10cm

昭月堂 本店

佐賀県唐津市相知町相知2082-19
0955-62-2601
9時30分〜19時
休）月曜
http://www.showget2.com

monaka no. 199

むしおくり最中®

●つぶあん
¥150円（税込）
電話にて問い合わせ

五所川原の虫送り祭り、藁で作った虫を焼き、豊作を願う祭りのキャラクター。

上から下まで
全長7.5cm

強面もなかベスト３に入る怖さ（；ﾟДﾟ）

不二屋製菓

青森県五所川原市錦町1-101
0173-34-2293
8時30分～18時
休）不定

— monaka no.200 —

にこりの なまはげ最中

●つぶあん
¥200円（税込）
電話にて問い合わせ

重要無形文化財にもなっている秋田県のなまはげにちなんだお菓子を作っている。お米のサブレ「なまはげのおくりもの」が大好評で、なまはげをモチーフにもなかも作った。お手作りもなかなので、パリッとした食感が楽しめる。

秋田といえばなまはげ！ようやく見つけた！絶対あると思ってました。

角から顎
全長 8 cm

お菓子のにこり

秋田県秋田市八橋三和町12-2
018-862-6232
9時～18時30分（日・祝日～18時）
休）火曜
http://www.nikori-a.com

神仏・縁起物／鬼

monaka no. 201

鬼瓦もなか

●つぶあんに角切り柚子入り
¥130円(税込)
電話にて問い合わせ

店によって様々な鬼瓦があって面白いね。

菊間町は鬼瓦で有名な町なので。

上から下まで
全長6.5cm

タバタヤ菓子舗

愛媛県今治市菊間町浜2889
0898-54-2114
8時〜20時
休）水曜

monaka no. 202

厄除け鬼瓦もなか

●小倉あん
¥120円（税込）
電話にて問い合わせ

菊間瓦の巨大オブジェもある町！

菊間町は菊間瓦で有名な町。厄除けで知られる遍照院の鬼瓦は有形文化財にも指定されており、節分大祭には菊間瓦を使用した鬼瓦御輿が登場し町を練り歩く。その鬼瓦をかたどったもなか。

上から下まで
全長6.5cm

島田製菓

愛媛県今治市菊間町浜2953
0898-54-2269
7時30分～20時
休）元日

— monaka no. 203 —

鬼瓦最中®

●つぶあん、白あん、八女茶あんの3種類
¥220円、八女茶あん230円（税込）
オンラインショップあり

太宰府市のシンボルマークが鬼瓦のため。

かなり迫力ある怖い形相（；゜Д゜）ボリュームもすごいよ。

上から下まで
全長 7 cm

太宰府参道　天山

福岡県太宰府市宰府2-7-12
092-918-2230
8時30分～17時30分
休）不定
http://www.monaka-de.com

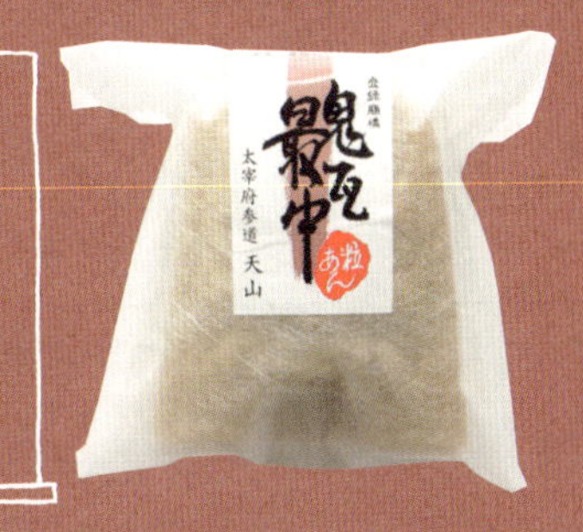

monaka no. 204

鬼面もなか

きめん

●抹茶あん
¥113円、箱入5個入700円（税込）
店頭販売のみ

佐賀県を代表する民俗芸能、面浮立（めんぶりゅう）をモチーフに。

こわっっ（|дﾟ）
※お店の方はとってもやさしいデス

上から下まで
全長6.5cm

安冨清月堂

やすどみ せいげつ どう

佐賀県鹿島市大字山浦1539
0954-62-3817
8時30分〜19時
休）不定

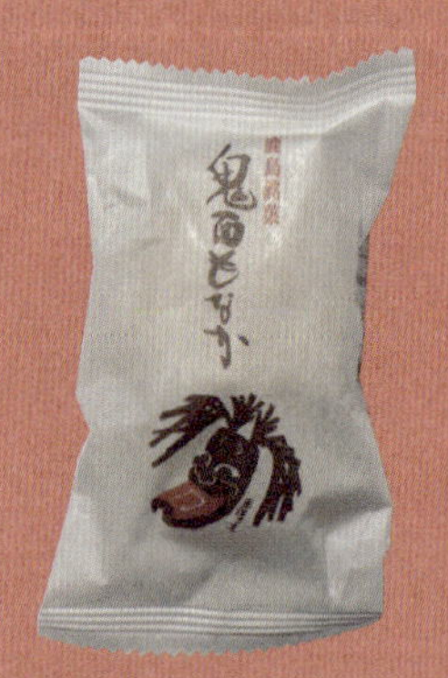

神仏・縁起物／鬼

monaka no. 205

富久最中®
（ふく）

●大納言つぶあん
¥130円（税込）
HPより問い合わせ

福がたくさん来ますようにと心を込めて命名。表裏に「おかめ」と「ひょっとこ」をかたどった大変縁起の良いもなかです。

上から下まで
全長5.5cm

表と裏で「おかめ」と「ひょっとこ」なんて珍しいね。

赤坂青野 本店
あかさかあおの

東京都港区赤坂7-11-9
03-3585-0002
9時～19時（土曜～18時）
休）日・祝日
（春分、秋分、こどもの日は営業）
http://akasaka-aono.com

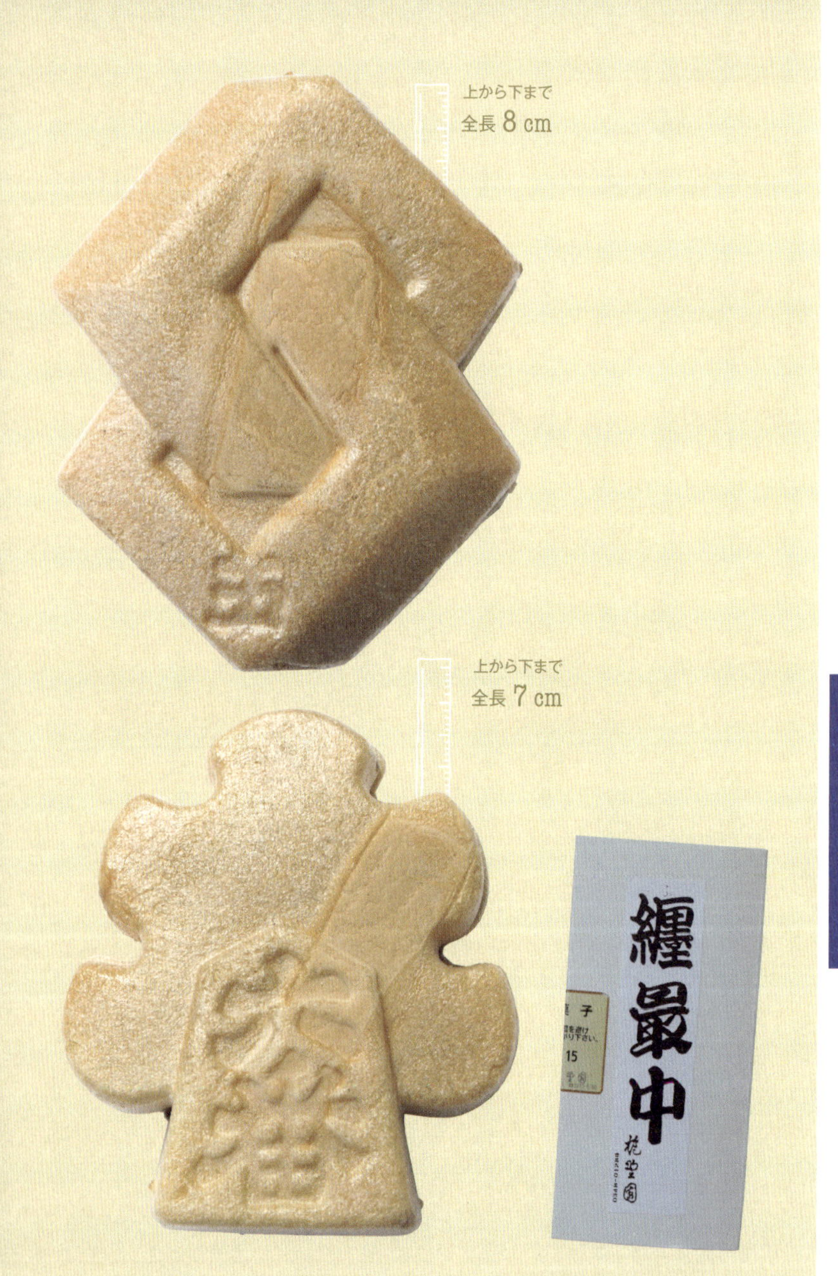
上から下まで
全長 8 cm
上から下まで
全長 7 cm
纏最中

monaka no. 206

纏最中®

まとい

●つぶあん　※形は4種類
¥4個入り691円（税込）
電話にて問い合わせ

上から下まで
全長6.5cm

大正３年創業当時のスタッフが江戸時代に火消しをやっていたという人が多かったから。

纏もなか、粋でカッコイイね。

上から下まで
全長 7 cm

纏最中本舗
梶野園

東京都北区西ヶ原4-65-5
03-3910-5760
10時〜16時
休）日曜
http://kajinoen.main.jp

monaka no.207

八里（はちり）

●こしあん
¥1房3つ付250円
3房入1000円（税別）
電話にて問い合わせ

『箱根馬子唄』に唄われる箱根八里の馬子衆の鈴をモチーフに。

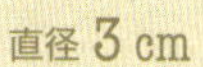

直径 3 cm

朱・紫・白の三色の紐で結ばれた愛らしい姿。

湯もち本舗 ちもと

神奈川県足柄下郡箱根町湯本690
0460-85-5632
9時〜17時
休）元日及び年数日程度
http://www.yumochi.com

monaka no.208

翁もなか
おきな

●つぶあん求肥餅入り
¥184円(税込)
オンラインショップあり

創業者が能楽を趣味でたしなんでおり、翁の面から屋号を付けた経緯もあって。

個性的な翁もなか。顎鬚は裏面にまで延びてるよ。

上から下まで
全長 8 cm

お菓子の翁屋

新潟県新発田市中央町3-6-14
0254-22-2710
9時～18時30分
(日曜9時30分～18時)
休)不定
http://monaka-okinaya.co.jp

monaka no. 209

三角だるま最中

●紫蘇あん
¥120円（税込）
電話にて問い合わせ

水原町の民芸品である三角だるまをモチーフに。

おとぼけ顔がなんとも愛らしい。カワイ過ぎます。

神仏・縁起物／縁起物

御菓子司 最上屋（もがみや）

新潟県阿賀野市中央町2-11-11
0250-62-2206
8時30分～19時
休）不定
http://www.aganosi-mogamiya.com

monaka no. 210

気比もなか

●こしあん、つぶあん(お手作りタイプ)の2種類
¥140円(税込)
オンラインショップあり

気比神宮の御祭神である神功皇后を象徴するとされる福相。元々は大豆を使った豆らくかんというオカメの形の落雁があるが、そのオカメの形の最中も商品となった。

「うちのおかめが一番べっぴんさん!」ってお店の方、可愛い(*´艸`)

頭から顎まで
全長6.5cm

神仏・縁起物/縁起物

御菓子司 森本

福井県敦賀市神楽町1-2-23
0770-22-0329
7時～18時
休)なし
http://www.mori-manju.jp

いにしえ金沢安江八幡にて八幡大神（応神天皇）がお生まれの祈り、氏子の一老翁が深紅の錦に包んだ産着姿を多幸と感謝の意を込めて起上人形に映し、毎年正月に献じた。此れを社参の人々が拝受し、お守りとしたと伝えられている。

この深紅の産着姿、
めちゃくちゃカワイイ
（*´艸`）

頭から足元まで
全長 5 cm

神仏・縁起物／縁起物

monaka no. 211

加賀八幡 起上もなか®

●つぶあん
¥151円(税込)
オンラインショップあり

金沢うら田

石川県金沢市御影町21-14
076-243-1719
9時～18時(日曜～17時)
休)元日、1月2日
http://www.urata-k.co.jp

神仏・縁起物／縁起物

monaka no. 212

翁最中

おきな

●挽茶あん
¥140円（税込）
オンラインショップあり

優しいお顔だね〜。

店の名前に因んで翁もなかを作った。グラフィックデザイナーの横尾忠則氏ともゆかりのあるもなか。

上から下まで
全長 7 cm

翁堂 本店

長野県松本市大手4-3-13
0263-32-0183
9時〜19時
休）第1・3水曜
http://www.mcci.or.jp/www/okinado/

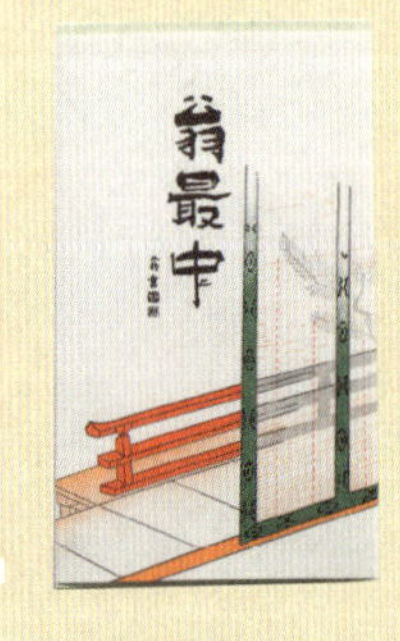

— monaka no. 213 —

元祖鯱(しゃち)もなか

●つぶあん
¥108円、お手作りもなか1000円（税込）
オンラインショップあり

名古屋城の金の鯱をもなかに。大正10年より作り続けている。

名古屋城は名古屋のシンボルですもんね。

上から下まで
全長 7 cm

元祖鯱もなか本店

愛知県名古屋市中区松原2-4-8
052-321-1173
9時～18時30分（日・祝日～15時）
休）不定
http://shachimonaka.com

上から下まで
全長 4 cm

上から下まで
全長 4 cm

上から下まで
全長4.5cm

上から下まで
全長4.5cm

小ぶりで、どれもカワイイ。全部揃えてお土産にもぴったりだね。お手作りタイプの「寶あわせ」もあるよ。

monaka no. 214

寳(たから)もなか

●つぶあん　※形は8種類(小判・槌・珠・分銅・丁字・巾着・蓑・鍵)
¥110円(税込)
電話にて問い合わせ

宝塚にちなんで縁起の良い宝を8種類作った。

上から下まで
全長4.5cm

上から下まで
全長4.5cm

上から下まで
全長4.8cm

永楽庵

兵庫県宝塚市栄町2-1-1ソリオ宝塚
0797-86-3863
9時30分～19時
休)水曜
http://sorio.jp/food/shop_detail/eirakuan/

monaka no. 215

だるまさん

●つぶあん 栗入り
¥250円(税別)
店頭販売のみ

創業1716年。京菓子の老舗が作るだるまさんの最中。昔から変わらない「だるまさん」は、七転び八起きで縁起も良いことから、今も変わらず愛され続ける銘菓である。

上から下まで
全長6.5cm

創業300年を超える老舗には数多くの物語があります。だるまさんにまつわる小さな物語もあり、ご購入いただいた方にお渡しする栞に綴られています。老舗ならではのこだわりと想いを、だるまさんを通して感じてね。

京菓匠 笹屋伊織 本店

京都府京都市下京区七条通
大宮西入花畑町86
075-371-3333
9時～17時
休)火曜(毎月20～22日は営業)
http://sasayaiori.com

monaka no. 216

神明だるま最中®

●つぶあん
¥83円(税込)
電話にて問い合わせ

神明さんというだるま祭りが行われるこの地方にちなんで作られた。

お祭りの期間だけ日本一の大だるまも登場するお祭り！見たいっ(*´艸`)

頭からお尻まで
全長5.3cm

ヤッサ饅頭本舗

広島県三原市本町3-15-7
0848-64-8383
8時～19時
休)元日
http://www.yassamanjyuu.com

全て頭から顎まで
全長8.5cm

三宅製菓本店

岡山県高梁市成羽町下原577
0866-42-3105
8時30分～18時30分
休）元日
http://www.miyakeseika.jp

monaka no. 217

備中神楽面最中®

●つぶあん ※形は4種類
¥170円(税込)
オンラインショップあり

郷土芸能無形文化財となった備中神楽をモチーフに。

一つひとつ個性的な神楽面。4種類揃えると、眺めてるだけで楽しい。

monaka no. 218

だるま最中

●小豆こしあん
¥90円（税込）
電話にて問い合わせ

その名の通り、屋号にちなんで。

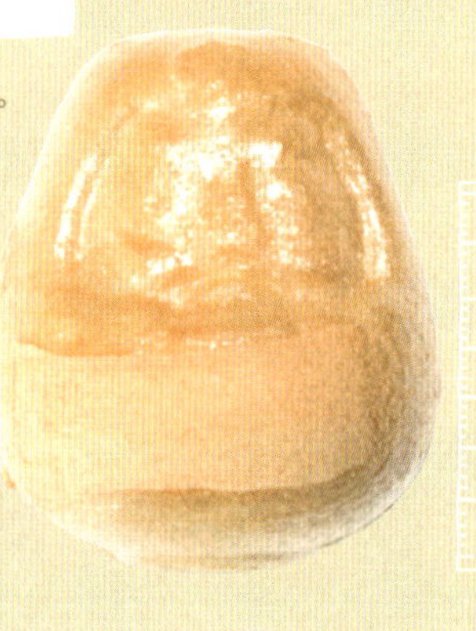

頭からお尻まで
全長4.5cm

だるま最中にもいろんなもなかがあるけど、一番なじみのあるだるまの形だね。

長州路菓子処
だるま堂

山口県下関市豊北町粟野2376-1
083-785-0032
9時～19時
休）火曜
http://www.darumado.jp

monaka no. 219

ひょうたん最中®

●つぶあん（北海道産小豆）、抹茶あん（八女産抹茶）、いよ柑（愛媛産伊予柑）の3種類

¥110円（税込）

オンラインショップあり

初代が千成ひょうたんの焼き型をいただいたことから作られた。

頭からお尻まで
全長6.5cm

3種の味が楽しめるね。

お菓子のみずま

福岡県北九州市八幡東区
枝光本町9-18
093-671-3050
9時〜18時　休）日曜
http://www.okashinomizuma.com

monaka no.220

猫様もなか

●栗入りつぶあん、こしあん、抹茶あん、ゆずあんの4種類
¥108円（税込）
HPより問い合わせ

宮若市に伝わる民話「追い出し猫」。ホウキを片手に大ねずみを退治する怖い形相と、ニッコリ手招きの表裏一体の招き猫は縁起物としてこの地方に伝わる。

怒り顔が表らしい……。

頭からお尻まで
全長6cm

瀬川菓子舗

福岡県宮若市上大隈757-6
0949-32-0238
9時〜18時
休）水曜
http://segawa-21.com

monaka no. 221

こいのきもなか

●いちごあん、八女茶あんの2種類
¥お手詰めもなか2個入り500円（税込）
電話にて問い合わせ

水田天満宮の境内にある恋木神社にあやかって。

横幅 5 cm

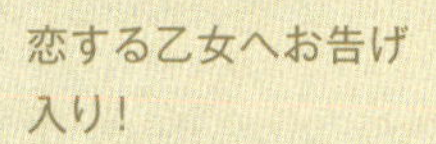

御菓子司 船小屋

福岡県筑後市大字津島487
0800-200-2758
10時～18時
休）水・日曜
http://www.funagoya.jp

monaka no. 222

阿蘇縁結び最中

●つぶあん
¥135円、5個入810円
12個入1620円(税込)
オンラインショップあり

阿蘇神社境内にある縁結びの松にちなんで、恋愛だけではなく幅広い出会いの縁がありますようにという思いで作られた。

まんまる鯛の形、かわいいね。箱入りにはおみくじも!

右から左まで
全長 5 cm

阿蘇和菓子 向栄堂

熊本県阿蘇市一の宮町宮地154-3
0967-22-0111
10時〜18時
休)月〜木曜
http://www.aso-wagasi-koueido.com

— monaka no.223 —

ひょっとこ最中®

頭から、アゴまで
全長7.5cm

●つぶあん
¥108円（税込）
電話にて問い合わせ

日向市で有名なひょっとこ踊りから。夏にはひょっとこ夏祭りも。

ひょっとこ、愛くるしい〜。

秋田屋

宮崎県日向市南町13
0982-52-3460
8時〜19時（日・祝日9時〜18時）
休）12月31日〜1月2日

monaka no.224

秩父夜まつり最中®

●つぶあん、ゆずあんの2種類
¥120円（税込）
電話にて問い合わせ

ユネスコ世界無形文化遺産に登録され、日本三大曳山祭のひとつ秩父夜祭で曳きまわされる笠鉾・屋台をかたどったもなか。

4台の屋台の中で一番大きな屋根を持つ上町屋台を模してるんだって！

御菓子司 栄誠堂

埼玉県秩父市上町2-14-6
0494-22-1374
8時～19時
休）不定
http://www.eiseidou.com

高さ 7cm

monaka no. 225

津島天王祭まつり最中

●つぶあん
¥160円(税込)
電話にて問い合わせ

日本三大川祭りのひとつ「尾張津島天王祭」の巻藁船が由来。

もなかの頭部分のボコボコが全て提灯で、川に映る姿がとても美しい祭りだとか。

河村屋菓子舗

愛知県津島市藤川町16
0567-28-0925
8時30分～18時
休)不定

monaka no.226

ちんとろ最中®

●あずきあん、抹茶あんの2種類

¥130円（税別）

電話にて問い合わせ

半田市に古くからある祭り「ちんとろ祭り」が由来。

ちんとろ祭りのちんとろ舟。

高さ7cm

丸初製菓本舗

愛知県半田市本町7-20
0569-21-0391
8時30分〜19時
休）火曜
http://maruhatsu.jp

monaka no. 227

金魚最中

●つぶあん、つぶあん餅入りの2種類
¥125円（税込）
🚚 電話にて問い合わせ
（※8月限定販売）

柳井市郷土の民芸品である金魚ちょうちんをモチーフに。柳井市では夏に金魚ちょうちん祭りも開催されている。

生き物の金魚ではないよなーと思っていたが、やはり！金魚ちょうちんか！金魚ちょうちん可愛さー。

果子乃季 総本店

山口県柳井市柳井5275
0820-22-0757
9時～19時
休）元日

monaka no.228

唐津っ子 モナカサブレ

●米粉クッキー、チョコクッキーの2種類　¥170円(税抜)
電話にて問い合わせ

毎年11月に行われる「唐津くんち」は、唐津市街地を14台の曳山が勇壮に練り歩くお祭り。その曳山のひとつ「たいやま」をモチーフに作った。

口から尾
全長9.5cm

近いのに唐津くんちに行ったことがない。でも、たいやまはテレビで見たり雑誌で見たり。真っ赤な鯛が目立つよね。

パティスリー ホリ

佐賀県唐津市和多田用尺1-2
0955-75-0604
10時〜19時　休)水曜
http://www.kyushu-cake.com/hori/

神仏・縁起物／お祭り

monaka no. 229

山鹿灯篭もなか®

●手亡豆こしあん(白)、小豆つぶあん(こがし)の2種類
¥150円、ミニ100円(税込)
電話にて問い合わせ

伝統工芸である山鹿灯篭をモチーフに。

金紙と銀紙で作った灯篭を頭にのせて踊る、山鹿最大の夏祭り。行きたい行きたいと思いつつ、行けてないんだよね〜。

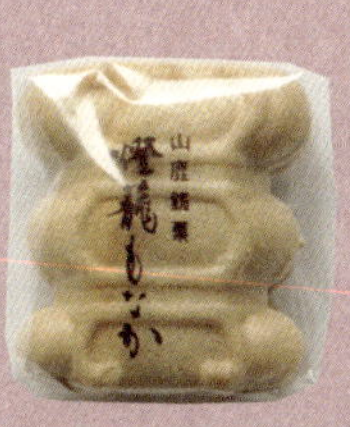

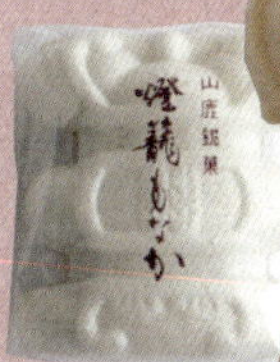

上から下まで
全長6.5cm

和菓子の阿部永和堂

熊本県山鹿市山鹿1678-7
0968-43-2556
8時30分〜18時30分
休)元日

あなたの知らないもなかぼんの世界

「もなかぼん」ができるまで その4

～ちょっと最後にいろいろ言わせて～

①この本、大方もなかが出そろったところで、並びをどうするかという打ち合わせがあった。九州のもなかから、全国のもなかに規模を拡大したから、北から南へ順番に掲載するか。それとも、ジャンル別に並べるか。結果、見ての通り大辞典風にジャンル別に並べてみたのだけど、あくまでも私個人の勝手なジャンル分けということをお許しくださいませ。微妙なもなかに頭を抱えながら8つのジャンル、さらに細かく25のサブジャンルに分けている。あくまでも、私の見解デス。

②「全国もなかぼん」と堂々と宣言しているのだが、実は47都道府県すべてのもなかを見つけることはできなかった。唯一沖縄のもなかだけ探しきれず、断念せざるをえなかった。沖縄にもなかが存在しないわけではなく、この本の根幹である「変わった形」のもなかを捜索できなかっただけなのだが。そこは、本当にスミマセンです。

③ここまで読んでいただいた方、あれ？同じものはひとつもないって言ってなかったっけ？と、疑問に思う点があるかもしれない。そう！お城もなか。よく見ると同じ形が案外あるのだ。ただし、このもなかたちはすべてモチーフとなっている城がきちんとあって、全て異なるお城のもなかなのです。現存しているお城もあれば、もうすでになくなってしまったお城を偲んでという想いもあるのだ。お城マニアの方から、これは○○城ではない！とお叱りをうけるかも……と気にかけていたお店もある。皆様そこはどうかご理解いただきたい。日本各地にある名城を愛しているのはみんな同じなのだから。

④「あったらいいのに！このもなか」と思って検索し続けたもなかがある。実はあるのかもしれないけど、押し迫る期限に捜査打ち切り。その名もズバリ大分県の国宝臼杵大仏もなか。饅頭やサブレ、煎餅など、うーっ惜しい！と思うモノはあるんだけどなー。と、最後は願望まで書かせてもらいました。

⑧
その他
生活雑貨
お顔
ほんとにその他

— monaka no. 230 —

ひとつ鍋

●小倉あん求肥入り、白あん求肥入り、こしあん求肥入りの3種類

¥125円(税込)

オンラインショップあり

十勝開拓の祖、依田勉三翁が開拓当時によんだ句「開墾のはじめは豚とひとつ鍋」に由来します。

昔、祭りで売ってたままごとセットの鍋に似てるんだよね。懐かしい。個人的感想だけど(#^^#)

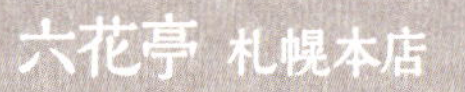

六花亭 札幌本店

北海道札幌市中央区北4条西6-3-3
0120-12-6666
(本社コールセンター)
10時〜19時(1階店舗)
※季節により変動あり
休)なし
http://www.rokkatei.co.jp

その他/生活雑貨

monaka no. 231

めがね最中®

●つぶあん栗入り、つぶあんブルーベリー入りの2種類
¥145円(税込)
電話にて問い合わせ

メガネのもなか……もなかのメガネ……ホントに珍品。

鯖江市はメガネの聖地とも呼ばれ、made in Japan フレームの9割以上のシェアを持つことから、メガネをモチーフにしたもなかを作った。

右から左まで
全長9cm

福音堂
ふくおんどう

福井県鯖江市河和田町19-1-9
0778-65-0158
8時～19時
休)月曜

monaka no. 232

おわん最中®

●つぶあん栗入り
¥135円（税込）
電話にて問い合わせ

福井県鯖江市の伝統工芸品である越前漆器をモチーフに。

お椀の蓋を開けたくなる衝動（*´艸`）

直径 6 cm

福音堂
ふく おん どう

福井県鯖江市河和田町19-1-9
0778-65-0158
8時～19時
休）月曜

その他／生活雑貨

monaka no. 233

よーじや製もなか

●つぶあん餅入り
¥4個入り1030円(税込)
オンラインショップあり

上から下まで
全長7.5cm

よーじやのロゴマークである「手鏡に写る京女性」の姿を描いたもなか。もなかの皮に自分で餅とあんを挟んでつくる。

女性の顔がかたどられているため、もなかのネタ跡が残らないように焼き型にもこだわっているとか。こだわりと心遣いがステキ。

よーじやカフェ 祇園店

京都府京都市東山区祇園町
北側266 井澤ビル2F
075-746-2263
10時~20時(LO19時30分)
※季節により変動あり 休)なし
www.yojiyacafe.com
(他に取り扱い店舗あり)

monaka no. 234

茶釜もなか

●つぶあん
¥200円（税込）
電話にて問い合わせ

茶釜なんて、カワイ過ぎでしょ。

店名にもちなんで茶釜のもなかを作った。昔は茶釜自体も販売していた。

上から下まで
全長6.5cm

かま八老舗

京都府京都市上京区五辻通浄福寺
西入一色町12
075-441-1061
8時30分～18時30分
休）不定
http://www.kamahachiroho.com

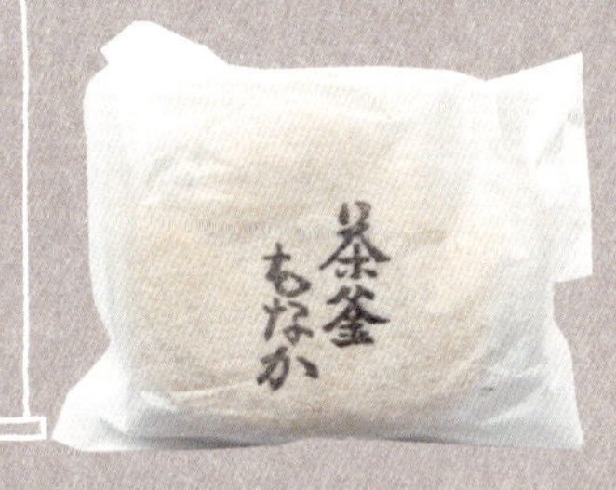

monaka no.235

美惇最中
びとん

●つぶあん
¥110円(税込)
電話にて問い合わせ

自由民権運動の指導者、板垣退助が愛用していた某世界的ブランドのトランクは国内では最古とみられる遺品。後に高知市にある自由民権記念館に寄託されたことにちなんで作られたもなか。

右から左まで
全長 6 cm

面白い（*´艸`）

御菓子司 新月

高知県高知市本町3-4-8
088-872-5419
9時30分～18時30分
休）不定

monaka no. 236

大釜最中

●粒あん餅入り
¥140円（税込）
電話にて問い合わせ

国宝である崇福寺の大釜をモチーフにしました。

本書最後に見つけたもなか。モチーフになっている崇福寺の大釜は一度に4200合を炊くことができるほどの大きさ！

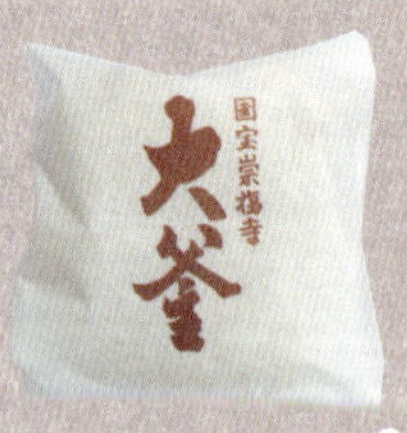

上から下まで
全長 6 ㎝

御菓子司 大竹堂

長崎県長崎市丸山町8-3 崇福寺下
095-823-2790
9時〜19時
休）日曜
http://www.ootakedo.net

その他／生活雑貨

monaka no.237

雪だるま最中

●こしあん（こがし）、大福豆つぶあん（白）の2種類
¥216円（税込）
電話にて問い合わせ

可愛いらしいものを作りたかったので（雪だるま最中は１月初めから３月下旬までの期間限定商品）。

上から下まで
全長 6 cm

期間限定だからこそ欲しくなるもなか。パッケージもカワイイ。

五勝手屋本舗

北海道檜山郡江差町字本町38
0139-52-0022
8時～19時
休）元日
http://www.gokatteya.co.jp

monaka no. 238

水戸農人形最中®

●小豆あん、ゆずあん（季節限定）、梅あんの3種類
¥100円、小豆あんのみ90円（税込）
電話にて問い合わせ

水戸偕楽園を造った藩主徳川斉昭公が、朝夕の食膳に農人形をお膳にのせ、感謝をこめて農民を大切にしたといういわれから、農人形をモチーフにしたもなかを作った。

農人形……初めて耳にするから、すごく不思議なもなかに感じる。

上から下まで
全長5.5cm

菓笑 堀江製菓

茨城県東茨城郡茨城町
常井675-22
029-292-3924
8時30分〜18時　休）火曜
http://www.ibaraki-town.jp/category/1746098.html

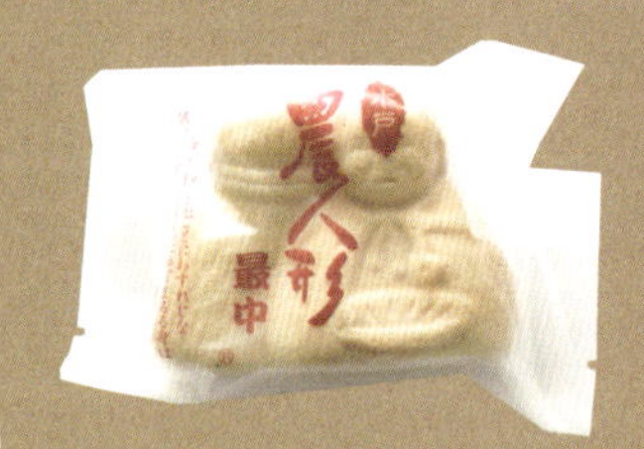

その他／お顔

monaka no. 239

文楽もなか

●つぶあん(男)、ゆずあん(女)の2種類
¥150円(税込)
電話にて問い合わせ

奈佐原文楽とは、栃木県に現存する唯一の三人遣い人形浄瑠璃で、無形民俗文化財に指定されている。それをモチーフにした。

上から下まで
全長7.5cm

山田屋本店

栃木県鹿沼市奈佐原町315
0289-75-3806
8時30分～18時30分
休)火曜

男女の人形、お雛様みたいだよね。

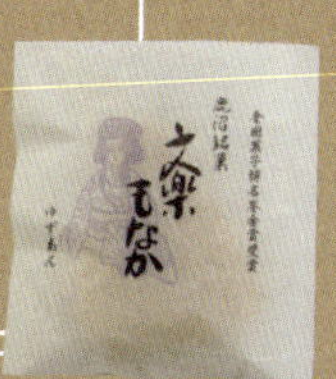

その他／お顔

monaka no. 240

八王子松姫もなか®

●小倉あん、煉あん、栗あん、ゆずあん、しそあんの5種類
¥108円（税込）
オンラインショップあり

武田信玄の五女である松姫が八王子に逃れ、武田氏滅亡後も八王子にとどまり続けたことから。

もなかの由来って、案外勉強になるね。

左から右まで
全長5.5cm

八王子松姫

東京都八王子市明神町3-11-15
042-642-0082
9時～19時
休）水曜、第3木曜
http://www.matuhime.co.jp

monaka no. 241

餃子像もなか®

●つぶあん
¥150円(税込)
オンラインショップあり

餃子像の存在すら知らなかったから、何とも不思議なもなかがあるもんだ！と強烈なインパクト。

宇都宮餃子像はテレビ東京「おまかせ！山田商会」の町おこし企画で山田邦子さんのスケッチ画をもとにデザイン、大谷石を使った石像です。ビーナスが餃子の皮に包まれた「餃子ビーナス」は、餃子の街宇都宮のシンボルとされ、宇都宮餃子会監修のもと、承認商品として餃子像もなかが誕生。

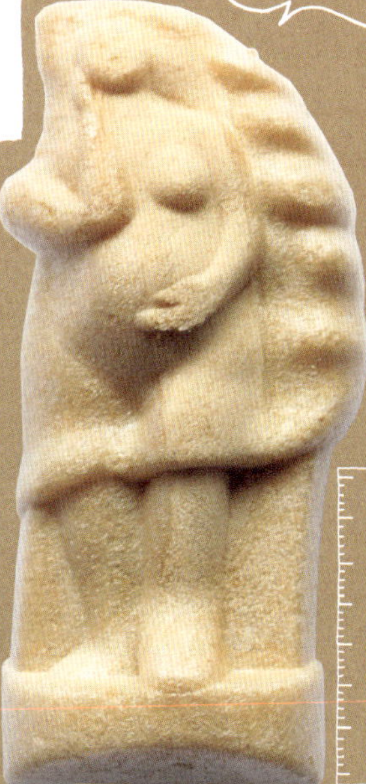

上から下まで
全長 8 cm

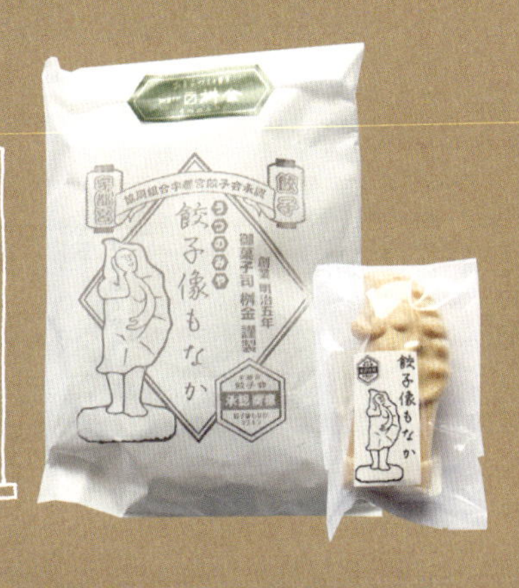

御菓子司 桝金（ますきん） 元町店

栃木県宇都宮市戸祭元町1-1
028-650-5030
9時〜18時30分　休)元日
http://www1.enekoshop.jp/shop/maskin/

monaka no. 242

飛騨街道 旅がらす

●つぶあん
¥2体セット380円(税込)
オンラインショップあり

飛騨にも飛騨街道があり、昔を思いつつ開発しました。かわいらしさと愛嬌が目に入ってきて、もう一度飛騨に訪れたくなるように作りました。

開けてビックリ、コレは見た瞬間に笑みがこぼれてしまう!

三度笠含めた身長
全長12cm

飛騨の角豆本舗
まるでん池田屋

岐阜県高山市昭和町3-178-7
0577-32-1010
8時〜17時
休)土・日曜
http://www.maruden-ikedaya.com

monaka no. 243

鬼屋敷忍者最中®

●つぶあん
¥110円（税込）
電話にて問い合わせ

伊賀といえば忍者！

上から下まで
全長9.5cm

後姿、なんだか色っぽいよ（*´艸`）

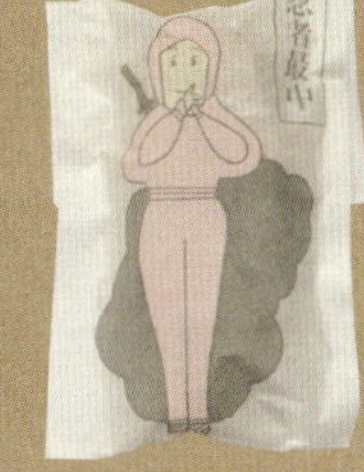

御菓子処 おおにし

三重県伊賀市上野中町
3009-1
0595-21-1440
8時30分～19時
休）不定

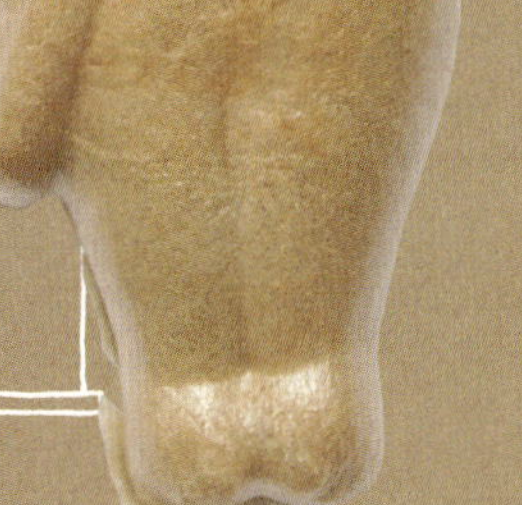

その他／お顔

monaka no.244

姫もなか

●しろあん
¥135円(税込)
電話にて問い合わせ

お城最中に因んで、江姫を表したもなか。

百人一首に出てきそうな姫らしい姫だね。

上から下まで
全長 5 cm

玉花吉祥庵

三重県度会郡玉城町中楽442-20
0596-58-4500
9時30分～18時30分
休)月曜、第1・3日曜
http://www.citypage.jp/mie/kisshou/

monaka no. 245

博多ぶらぶら最中®

●黒ごまあん求肥入り、白ごまあん求肥入りの2種類
¥125円(税込)
オンラインショップあり

前社長のお顔に似せて作ったという博多ぶらぶらの人形をもなかに。

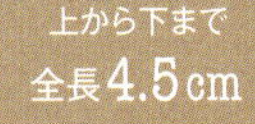
上から下まで
全長4.5cm

福岡では知らない人はいないであろう、「博多ぶらぶらぶらさげて～♪」で有名な「博多ぶらぶら」。それをモチーフにしたもなかを作りました。

博多菓匠左衛門

福岡県古賀市鹿部335-19(直営店)
092-944-1311
9時～17時
休)1月1日、2日
http://www.saemon.jp

monaka no.246

とんち彦一もなか

●小豆、白あんの2種類
¥160円（税別）
オンラインショップあり

八代に伝わる郷土民話、彦一とんちばなしの彦一にちなんで。

上から下まで
全長 5 cm

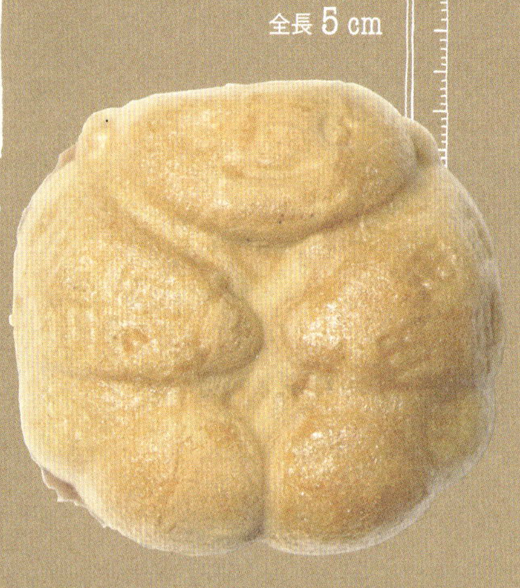

真ん丸でコロンコロンした彦一もなか。

お菓子の彦一本舗
駅前本店

熊本県八代市旭中央通り1-1
0965-33-3515
9時～18時
休）元日
http//hikoichi.co.jp

その他／お顔

— monaka no. 247 —

可愛いみやざき人

●チョコパフ
¥110円（税込）
オンラインショップあり

神話のふるさと宮崎には古墳がたくさん。はにわも工芸品としてとても有名なので。

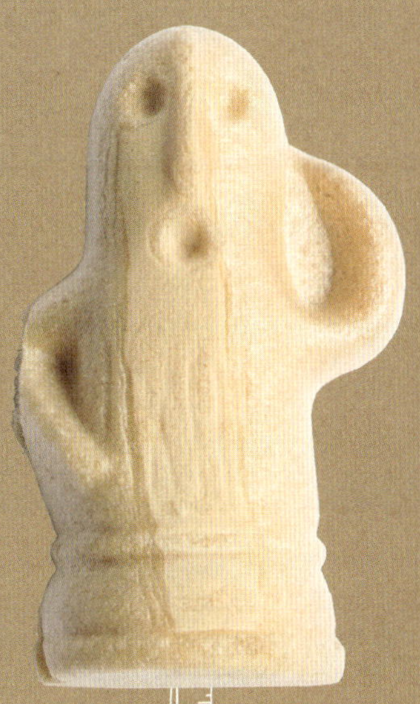

はにわのおとぼけ感でてる～（*´艸`）

上から下まで
全長 7 cm

お菓子の日高 本店

宮崎県宮崎市橘通西2-7-25
0120-86-5300
9時～21時
休）元日
http://hidaka.p1.bindsite.jp/shop.html

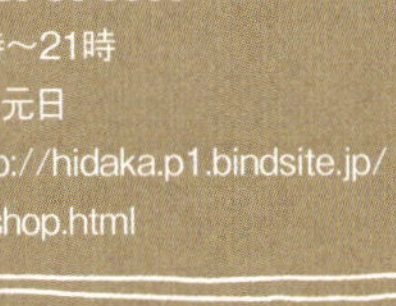

monaka no.248

名勝つりがねもなか

●つぶあん餅入り
¥120円(税抜)
電話にて問い合わせ

紀州道成寺にまつわる、安珍清姫伝説に出てくる釣鐘をモチーフにした。

想いを寄せた僧の安珍に裏切られた清姫が蛇に姿を変え道成寺で鐘ごと安珍を焼き殺すというお話し……パッケージにも蛇の絵が描かれている。

上から下まで
全長 7 cm

郷土銘菓処 ふく田

和歌山県御坊市薗422
0738-22-2937
8時～18時30分
休）火曜
http://wagashi-fukuda.com

その他／ほんとにその他

— monaka no. 249 —

蒲生（がもう）

●つぶあんと抹茶こしあんの合わせ
¥180円（税別）
電話にて問い合わせ

蒲生氏郷公の鯰尾兜をモチーフに。

上から下まで
全長 8 cm

なんだか、品の良さが漂います。

特産品館 伊勢藤（いせとう）

滋賀県蒲生郡日野町松尾5-34-3
0748-52-5307
8時～19時（水曜～17時）
休）元日
https://hino307isetou.jimdo.com

monaka no. 250

忍術もなか®

●つぶあん
¥160円（税別）
オンラインショップあり

創業140余年の長きに渡り、甲賀ゆかりの忍者、忍術をテーマにしたお菓子を作っている。

甲賀といえば、忍者ですよねぇ。

上から下まで
全長 9 cm

菓子処菓子長
野田本店

滋賀県甲賀市甲南町野田594-4
0748-86-0001
9時～18時
休）なし
http://www.kashicho.com

おわりに

最後まで見てくださった皆様、ありがとうございます。
掲載ご協力ただきましたお店の皆様、ありがとうございました。

一緒に作っていただいた
クワズイモデザインルーム デザイナー 川上夏子サマ
いつも素敵な本に仕上げていただいて、ありがとうございます。

書肆侃侃房エディター 池田雪サマ
企画持込から、いつも好きなようにやらせていただいて、ありがとうございます。

書肆侃侃房のみなサマ
本当に大変な作業をお任せして、すみません。ありがとうございました。

もなか収集にご協力いただきました
Cha-ma サマ、大家栄子サマ、森内幸子サマ、幡手敬浩サマ、平田政勝サマ、Bassy サマ
佐藤真紀サマ、森内英幸サマ、ありがとうございました。

本当に可愛い本ができました。満足満足。

オガワカオリ

〈プロフィール〉

小川香織(オガワカオリ)

1971年福岡県北九州生まれ。
ある日パン作りに目覚め、毎日パンを焼く日々。空き家になっていた祖父母の自宅を間借りして、パン工房に改装。福岡市東区箱崎にて2009年、「手づくり ぱん工房 粉(こな)の実(み)」を開業。ぼちぼちパンを焼きながら、空いた時間に大好きな巨大なモノを見つけに放浪。著書に『九州の巨人!巨木!!と巨大仏!!!』(書肆侃侃房)がある。

写真	オガワカオリ
写真提供	中川政七商店 P31 手づくり鹿もなか缶(パッケージ)
	京菓匠 笹屋伊織 P248 だるまさん(もなか)
ブックデザイン	川上夏子(クワズイモデザインルーム)
編集	池田雪(書肆侃侃房)

※本書の情報は、2018年9月現在のものです。発行後に変更になる場合があります。

全国もなかぼん

2018年10月25日 第1版第1刷発行

著 者 オガワカオリ

発行者 田島安江

発行所 株式会社 書肆侃侃房(しょしかんかんぼう)

〒810-0041 福岡市中央区大名2-8-18-501
TEL 092-735-2802 FAX 092-735-2792
http://www.kankanbou.com info@kankanbou.com

印刷・製本 シナノ書籍印刷株式会社

ISBN978-4-86385-338-6 C0026